生命科学前沿及应用生物技术

黄曲霉与黄曲霉毒素

汪世华 等 编著

科学出版社

北 京

内 容 简 介

本书首先介绍了黄曲霉分类学、繁殖体、营养生长、基因组和危害，黄曲霉毒素种类、危害和生物合成途径；接着详细介绍了黄曲霉生长和黄曲霉毒素形成的影响因素，包括环境因子、营养元素、翻译后修饰以及转录调控因子。还对黄曲霉中的非编码 RNA、重要蛋白质的结构与功能进行了介绍，最后对黄曲霉和黄曲霉毒素的检测与防控进行了介绍。旨在让读者了解黄曲霉与黄曲霉毒素的危害及毒素合成的影响因素，进而了解黄曲霉与黄曲霉毒素的检测方法与防控措施，并为相关学科提供基础知识和技术。

本书适合生物学、医学、食品、环境等相关领域的研究和教学人员参考阅读，同时也适合生物科学、生物技术、生物工程、生物医学工程、食品科学与工程、环境科学等专业的研究生和科研人员作为教材和参考书。

图书在版编目（CIP）数据

黄曲霉与黄曲霉毒素/汪世华等编著. —北京：科学出版社, 2017.12
(生命科学前沿及应用生物技术)
ISBN 978-7-03-054377-6

Ⅰ.①黄… Ⅱ.①汪… Ⅲ.①黄曲霉–研究 ②黄曲霉毒素–研究
Ⅳ.①Q949.327.1 ②R996.2

中国版本图书馆 CIP 数据核字(2017)第 219021 号

责任编辑：罗 静 / 责任校对：郑金红
责任印制：赵 博 / 封面设计：刘新新

科学出版社 出版
北京东黄城根北街 16 号
邮政编码：100717
http://www.sciencep.com
北京厚诚则铭印刷科技有限公司印刷
科学出版社发行 各地新华书店经销
*
2017 年 12 月第 一 版 开本：B5 (720×1000)
2019 年 1 月第三次印刷 印张：10 3/4
字数：214 000
定价：98.00 元
(如有印装质量问题，我社负责调换)

参加编写人员

（按姓氏拼音顺序排列）

白有煌　蓝华辉　李明祝　李　宇　梁林林

聂鑫怡　秦秋平　邱孟广　汪　斌　王　森

王秀娜　王　宇　杨　奇　姚光山　袁　军

张　峰　庄振宏

前　　言

　　黄曲霉是一种重要的植物病原真菌，又是一种条件性的人畜共患病原菌。除了大家熟知的孢子，黄曲霉还产生一种抗性的休眠结构——菌核，帮助黄曲霉度过不良的生存条件，因此黄曲霉广泛存在于土壤、空气、农产品和食品中。黄曲霉可以侵染生长过程中或收获后的农作物，尤其对油料作物的种子危害最为严重。黄曲霉还威胁着人类和动物的身体健康，可以引起人类和动物多个器官的真菌感染，其中对肺部的感染最为严重。黄曲霉已经成为仅次于烟曲霉的侵袭性曲霉病的第二大致病真菌。黄曲霉还因其在侵染植物种子的过程中产生目前最强的致癌物——黄曲霉毒素而臭名昭著，黄曲霉毒素是黄曲霉产生的次级代谢产物，是一类结构类似的二呋喃香豆素衍生物，是迄今为止发现的致癌性最强、毒性最强的天然污染物之一，对人类和动物健康造成巨大的危害。长期食用含低浓度黄曲霉毒素污染的食物能引起动物消化系统紊乱、贫血、胚胎中毒和生育力严重下降等；而高浓度的黄曲霉毒素摄入能直接导致肝脏和胆囊增生、胆囊水肿或大量出血坏死，甚至直接导致死亡。同时黄曲霉毒素的污染也会给农业经济造成巨大损失。因此了解黄曲霉毒素的种类和危害特点，阐明黄曲霉毒素的分子生物合成路径，有利于解析黄曲霉毒素合成的分子机制，为黄曲霉及黄曲霉毒素危害的防控奠定重要理论基础。

　　本实验室（福建省病原真菌与真菌毒素重点实验室）从 2004 年开始从事真菌毒素的检测研究，建立了主要真菌毒素的系列检测方法；2013 年参加了国家重点基础研究发展计划课题，主要研究储藏过程中真菌毒素形成机制——黄曲霉毒素合成与调控机制；本实验室也连续获得了多个国家自然科学基金的支持，还有国家科学技术部、福建省科学技术厅等部委和省级项目的资助和支持。正是在这些项目的持续支持下，本实验室取得了系列研究成果。在结合前人研究成果和文献报道的基础上，本书的主要内容得以形成。

全书共 9 章，由汪世华等编著，同时本实验室的老师、博士后、博士研究生和硕士研究生在图表绘制、文字排版和校对等方面做了大量工作，他们分别是白有煌、聂鑫怡、王秀娜、王宇、袁军、张峰、庄振宏、汪斌、姚光山、蓝华辉、李明祝、李宇、梁林林、秦秋平、邱孟广、王森和杨奇。

本书的顺利出版，首先要感谢国家 973 计划项目首席科学家、中国农业科学院刘阳研究员，感谢 973 计划课题负责人、浙江大学马忠华教授，还要感谢暨南大学的刘大岭教授和美国农业部南方中心的张蓬光教授对本研究的大力支持和关心。同时要感谢国家科学技术部、国家自然科学基金委员会、福建省科学技术厅、福建省发展和改革委员会等机构对本研究的项目支持。本实验室的研究生、博士后、留学生、老师等对黄曲霉课题做了大量的研究工作，在此一并表示感谢。

由于黄曲霉和黄曲霉毒素的污染和危害严重，国家和各级政府越来越重视，目前，这方面的发展势头异常迅猛、日新月异，一些内容尚无统一的结论，再加上编者水平有限，难免有遗漏和疏忽之处，敬请广大读者批评指正。

汪世华

2017 年 7 月于福州

目　　录

第1章 黄 曲 霉

黄曲霉（*Aspergillus flavus*）是子囊菌亚门的一种丝状真菌，是曲霉属真菌中最为常见的种。黄曲霉既是一种重要的植物病原真菌，又是一种条件性的人畜共患病原菌。黄曲霉是营腐生生活的土壤真菌，在适宜的条件下，黄曲霉可以侵染生长过程中或收获后的农作物，尤其对油料作物的种子危害最为严重。黄曲霉因其在侵染植物种子的过程中产生目前最强的致癌物——黄曲霉毒素而臭名昭著。黄曲霉的营养生长和无性发育与曲霉属其他真菌非常相似，无性发育主要通过产生大量的分生孢子进行繁殖。值得注意的是，不同于曲霉属的其他真菌，黄曲霉产生一种抗性休眠结构——菌核，帮助黄曲霉度过不良的生存条件。除了可以产生包括黄曲霉毒素在内的次级代谢产物，黄曲霉时刻直接威胁着人类和动物的身体健康。研究表明，黄曲霉可以引起人类和动物多个器官的真菌感染。其中，对肺部的感染最为严重，黄曲霉已经成为仅次于烟曲霉的侵袭性曲霉病的第二大致病真菌。黄曲霉的基因组已经完成了全测序，国际上的研究人员和福建省病原真菌与真菌毒素重点实验室（本实验室）也分别对黄曲霉在不同生长条件下的转录组和蛋白质组进行了测序，这些成果加速了黄曲霉功能基因组学的发展。通过世界各国研究人员的共同努力，必将揭示黄曲霉的致病机制及黄曲霉毒素合成的代谢机制，从而可以更好地防治黄曲霉产生的危害。

1.1 黄曲霉的分类学

曲霉属真菌属于真菌界的子囊菌亚门散囊菌目发菌科的腐生菌。

曲霉属的典型特征是在分生孢子梗的顶端形成单排或双排的瓶梗，瓶梗呈烧瓶形或圆柱形；分生孢子呈落叶状或球状、椭圆至圆形，因产生各种次级代谢产物而呈现各种不同的颜色。到目前为止，曲霉属一共包括 180 个种，分为 6 个不同的亚类。伴随着新种的不断被发现和鉴定，曲霉属中种的数量将不断增加。

黄曲霉由于黄曲霉孢子色素而呈现出黄色（图 1-1），它因产生强毒性的次级代谢产物——黄曲霉毒素而为人们所熟知。黄曲霉具有各种复杂的形态，根据所产生的菌核的大小可以把黄曲霉分为两大类：L 型黄曲霉和 S 型黄曲霉。L 型黄曲霉的菌核直径通常大于 400μm，而 S 型黄曲霉的菌核直径通常小于 400μm。不管是 L 型黄曲霉还是 S 型黄曲霉均可以产生黄曲霉毒素 B1 和 B2，但是，只有 S 型黄曲霉才可以产生黄曲霉毒素 G1 和 G2。虽然现在 S 型菌株很少发现，但是 S 型菌株在全世界均有分布。最近，有报道发现了黄曲霉的有性繁殖阶段，并且将黄曲霉有性阶段归为"石座菌属"。在自然条件下，在黄曲霉的菌核中可以产生有性孢子——子囊孢子。

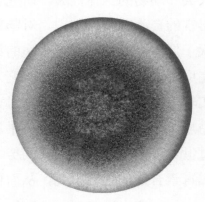

图 1-1　黄曲霉（彩图请见二维码）
PDA 平板上 37℃培养 6 天时的黄曲霉

黄曲霉的另外一种形态发育特性与黄曲霉毒素的合成密切相关——营养兼容性，营养兼容性是指具有兼容性的 *bet* 位点的黄曲霉菌丝才可以发生菌丝融合，进而完成后面的发育进程。因此，在不同兼容性群体中，黄曲霉产生的黄曲霉毒素的水平明显不同。由于兼容性群体所产生的黄曲霉毒素的水平是非常稳定的，因此，鉴定不产黄曲霉毒素的兼容性黄曲霉群体，在开发黄曲霉及黄曲霉毒素的生物防控措施方面具有重要的研究意义。拥有 MAT1-1 或 MAT1-2 位点的兼容性黄曲霉群体不仅可以进行准有性生殖，而且可以进行真正的有性生殖过程。

与黄曲霉分在同一亚类的其他 *Flavi* 曲霉种也可以产生黄曲霉毒素。例如，寄生曲霉也是一种重要的农业病原真菌，与黄曲霉一样，可以产生 B 型和 G 型黄曲霉毒素。尽管寄生曲霉的有性阶段与黄曲霉同属于石座菌属，但是，寄生曲霉的宿主特异性与黄曲霉明显不同。黄曲霉可以侵染各种各样的农作物，对宿主的选择缺乏专一性，而寄生曲霉通常只侵染地面的作物。其中的主要原因可能是不同真菌对生长温度的要求不同。当然，不能排除还有其他尚未鉴定的环境因子在决定宿主特异性方面发挥了重要的作用。曲霉属 *Flavi* 亚类的其他曲霉属真菌包括 *Aspergillus nomius*、*Aspergillus pseudoamarii*、*Aspergillus bombycis* 等也可以产生黄曲霉毒素。除此之外，有些曲霉属真菌如模式生物构巢曲霉可以产生黄曲霉毒素的倒数第二个前体化合物——杂色曲霉素，这种化合物和黄曲霉毒素类似，同样威胁着人畜的身体健康。

1.2　黄曲霉的繁殖体

黄曲霉的繁殖体主要包括两大类，即分生孢子和菌核。其中菌核是黄曲霉产生的一种特殊结构，即抗性休眠结构。

1.2.1　分生孢子

无性发育（产孢）是各种真菌常见的繁殖方式，包括黄曲霉在内的高等真菌的无性孢子被称为分生孢子。曲霉属真菌不同种之间的产孢过程非常相似，且调控产孢的相关基因也极其保守，因而构巢曲霉一直以来作为模式物种，在发育进程及其调控层面研究得最为透彻，因此，本节主要根据构巢曲霉的研究结果结合我们自己的实验数据描述黄曲霉的产孢过程。

包括黄曲霉在内的曲霉属真菌的产孢过程极为复杂，但可以简单地分为 3 个不同的阶段：①营养生长至特定的阶段，感知产孢诱导信号，启动产孢调控基因的表达；②在菌落的中心位置形成第一个分生孢子梗及串珠状的分生孢子；③在第一个分生孢子形成后，真菌的发育过程开始向菌落的边缘移动。因此，位于菌落中心的分生孢子结构不断老化，而新生的孢子不断向菌落边缘扩展。根据我们的实验结果，在营养丰富的培养基中大约经过 48h 的生长，黄曲霉开始在菌落中心位置形成第一个分生孢子。分生孢子的形成过程是一个比较复杂的过程，能够分成几个明显的发育阶段。

首先，气生菌丝的不断延伸形成分生孢子茎（stalk），分生孢子茎在形态上与气生菌丝极为相似，但有很大的不同。等待分生孢子茎顶端延伸结束后，其顶端开始膨胀，直至其直径达到 10μm，形成一种新的结构——分生孢子囊泡（vesicle）。分生孢子囊泡与足细胞之间不会产生隔膜，因此，足细胞、分生孢子茎及囊泡形成各自独立的单元。多个细胞核沿囊泡的外边缘排列，在囊泡的表面同步产生许多萌芽，形成初级小梗——梗基（metulae）。在显微镜下，每个分生孢子梗包含大约 60 个梗基，每个小梗萌芽形成约 6μm 长、2μm 宽的雪茄状的细胞，其中包括单个细胞核。梗基经过连续两次的萌发产生一层 120 个单核的小梗——瓶梗（phialide）。此次的梗基萌发具有极性，因此，萌发只发生在囊泡远端的细胞层。图 1-2 为黄曲霉 CA14 分生孢子梗在 40 倍显微镜下的图片。与干细胞相似，瓶梗经过多次的细胞分裂后依然保持多能性，串珠状的分生孢子产生于成熟的瓶梗上（图 1-3）。

图 1-2　黄曲霉的分生孢子梗

黄曲霉生长在 YES 培养基上 24h 产生分生孢子梗，荧光显微镜明场时的图片，40×

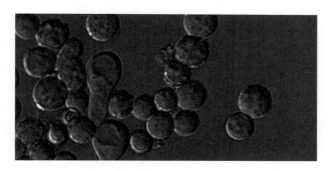

图 1-3　在激光扫描共聚焦显微镜下的黄曲霉分生孢子（100×）

1.2.2　菌核

待黄曲霉生长到一定阶段，菌丝体不断地分化，相互缠绕融合，在一起最终形成一个颜色呈黑褐色且坚硬的菌丝体组织颗粒，是主要由拟薄壁组织和疏丝组织形成的一种坚硬的休眠体，即菌核（图 1-4）。菌核的功能是储存营养物质和帮助黄曲霉度过不良环境条件等。目前，也有一种观点认为，菌核很可能与黄曲霉有性发育有一定的关联，但是尚缺乏充足的证据。此外，菌核也是包括黄曲霉在内的初级侵染源，其可以在极端环境下存活，等到条件适宜时，继续萌发导致二次侵染。最近，有研究认为，菌核的发育与真菌次级代谢产物的合成密切相关，这主要体现在以下两个方面：首先，把许多次级代谢产物的合成控制在菌核中，且这些有毒的次级代谢产物积累在菌核中，与真菌隔绝开来，主要用于抵御食真菌的昆虫及相同生态位的竞争者；其次，许多调控黄曲霉核发育的调控因子 LaeA 和 veA 等，同时影响黄曲霉次级代谢产物的表达合成。

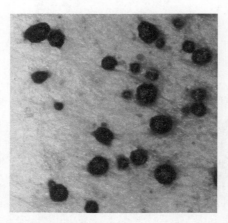

图 1-4　在荧光显微镜明场时的黄曲霉菌核（20×）（彩图请见二维码）
黄曲霉培养在 WKM 培养基中 37℃黑暗培养 14 天诱导产生的菌核

1.3　黄曲霉的营养生长

黄曲霉能够栖息于各种各样的生态位，如土壤、水体、空气及植物等。这一特征很可能是其内在的生物学特征的外在反应，如代谢可塑性，对各种生物或非生物压力的忍耐性等。在这些特征中，高度极化的菌丝生长是其高效快速适应不同生态位的主要决定因素。显然，极性生长也是包括黄曲霉在内的丝状真菌区别于其他微生物的一种典型特征。菌丝生长包括几个不同的形态发生阶段。

第一步是真菌的营养生长开始于分生孢子的萌发。黄曲霉的分生孢子在合适的环境条件下开始萌发，有研究发现高温、光照均可以明显诱导分生孢子的萌发，尽管其中的分子机制尚不清楚。在 37℃ 条件下，在营养丰富的 YGT 培养基中，黄曲霉的分生孢子在 6h 时就开始萌发。

第二步是顶端（apical）的确立，并建立和维持稳定的极性生长轴（图 1-5）。在细胞的特定位置（顶端），细胞表面不断扩张，并伴随着细胞壁沉积，最终形成菌丝顶端。菌丝顶端不断延伸形成初级菌丝。在亚顶端区域产生分支，继而形成次级菌丝。菌丝的交织缠绕最终形成菌丝体。遗传学、生理学、形态学、细胞生物学连同计算生物学的结果均充分证实了极性轴的确立对菌丝伸长和延伸具有至关重要的作用。菌丝的生长模式充分体现了菌丝顶端确立的重要性，这种顶端优势明显限制了其他的潜在生长点的形成。

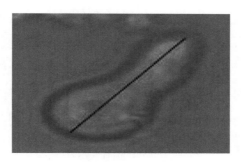

图 1-5　黄曲霉孢子萌发过程中极性轴的建立（彩图请见二维码）

荧光显微镜明场时的图片，100×

第三步是隔膜的形成。在黄曲霉的营养生长过程中，另外一个较为重要的生理过程就是隔膜的形成。隔膜是通过胞质分裂形成的，这一过程类似于动物体内发生的细胞分裂。但是，胞质部分不分离，而是连在一起，分裂点形成一道横壁——隔膜（图 1-6）。虽然，隔膜对于菌丝的极性生长并不是必需的，但是，有研究表明隔膜对于菌丝的细胞分化形成菌丝体，甚至病原真菌成功侵染宿主植物组织均是至关重要的。并且，隔膜的形成也是菌丝的典型特征之一。分隔过程并不涉及减数分裂，仅仅是胞质分裂。包括黄曲霉在内的子囊菌的有规律的分隔伴随着核分裂。菌丝通过分隔作用区分新老菌丝。此外，分隔有助于新老菌丝之间交换细胞质及一些细胞器。

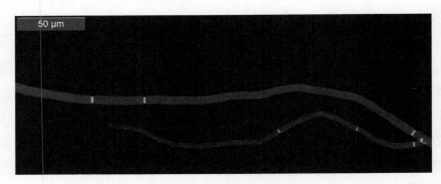

图 1-6　经过 CFW 染色后在荧光显微镜明场的黄曲霉隔膜（20×）（彩图请见二维码）

第四步是菌丝融合。正如分隔一样，菌丝融合对于菌丝的极性延伸也并非是必需的过程。但是，通过菌丝融合可以使菌丝相互交换代谢物，最终发育为功能菌丝体。由于菌丝生长对黄曲霉生命史具有重要的作用，因此，鉴定和阐明影响菌丝生长的分子机制具有重要的意义。特别是大量的研究均证明，黄曲霉的生长和它的致病过程密切相关。大量的基因敲除突变体在菌丝生长上受到抑制，从而导致突变体降低甚至丧失了侵染植物种子的能力。

1.4　黄曲霉的基因组

黄曲霉标准菌株 *Aspergillus flavus* NRRL 3357 全基因组测序已经完成，黄曲霉基因组大约 37Mb，包含 8 条染色体，共编码 12 000 多个蛋白质。黄曲霉的基因组稍稍大于曲霉属的其他真菌，如烟曲霉（大约 30Mb）、土曲霉（30Mb）、黑曲霉（34Mb）和构巢曲霉（31Mb）。虽然不同曲霉的基因组大小存在一定差异，但是所有已测序的曲霉种都只含有 8 条染色体。尽管黄曲霉与米曲霉的基因组最为相似，但是米曲霉并不产生强毒性次级代谢产物——黄曲霉毒素，因此被美国食品药品监督管理局（FDA）认定为安全菌株。我们认为比较研究黄曲霉和米曲霉基因组之间的差异，将有助于揭示黄曲霉毒素合成代谢及黄曲霉毒素基因簇表达调控的分子机制。最近，研究人员对黄曲霉的线粒体完成了全测序，发现黄曲霉的线粒体长度为 31 602bp，AT 含量约为 75%，并且，针对密码子使用偏好性分析发现，黄曲霉使用真菌标准的起始密码子和终止密码子。

到目前为止，笔者课题组已经综合利用包括转录组学和蛋白质组学在内的系统生物学技术在全基因组范围揭示黄曲霉响应水活度、温度及氮源调控的分子机制，并利用功能基因组学揭示 DNA 甲基转移酶、乙酰转移酶、腺苷酸环化酶、压力响应调控蛋白等在黄曲霉营养生长、分生孢子发育、菌核形成、黄曲霉毒素的生物合成等方面的生物学功能。为了全面和更深入地了解黄曲霉的生物学，我们测定并分析了黄曲霉的小 RNA 谱，发现了 mRNA-like 的小 RNA 差异地响应水活度和温度，暗示了这些小 RNA 很可能参与了黄曲霉的生长和产毒。

1.5　黄曲霉的危害

黄曲霉是一种非常重要的病原真菌，在工农业上，黄曲霉可以侵染花生、玉米、棉花等油料作物的种子，并且在侵染过程中产生致癌的黄曲霉毒素。在医学上，黄曲霉是条件性的人畜共患病原真菌。

1.5.1　黄曲霉对植物的危害

在自然界，黄曲霉可以侵染许多重要的农作物及农产品，最为严重的是油料作物如花生、玉米、核桃、棉花等，也可以侵染水稻。另外，黄曲霉在储存过程中，也可以对花生和玉米等造成危害，给工农业生产带来巨大的经济损失。

1. 黄曲霉对花生的危害

黄曲霉侵染花生及其产生的黄曲霉毒素是制约我国花生产业发展的重要因子。黄曲霉对花生的危害体现在两个方面：第一，黄曲霉侵染收获前的花生造成了花生的减产；第二，黄曲霉对花生的侵染过程中产生了大量的次级代谢产物，其中包括目前已知的致癌性最强的黄曲霉毒素，花生作为地上开花地下结果的作物，很容易受到土壤中黄曲霉的侵染。研究表明，土壤是花生黄曲霉的主要来源，花生荚果中的黄曲霉与土壤中的黄曲霉有直接联系。土壤温度和湿度对黄曲霉的丰度具有重要的影响。特别是，土壤湿度的提高和黄曲霉的侵染程度呈正相关。此外，土壤中生态因子也显著影响黄曲霉的遗传多样性，产毒的黄曲霉与不产毒的黄曲霉也是评价黄曲霉对花生污染程度的重要指标，不同花生品种也显示出对黄曲霉的抗性差异。图 1-7 是黄曲霉在培养皿培养条件下侵染花生的结果。

图 1-7　黄曲霉侵染的花生（彩图请见二维码）
黄曲霉 CA14 的分生孢子接种花生种子后侵染花生种子

在花生的储藏过程中，黄曲霉也可以侵染花生。储藏方式不当，可加重黄曲霉的污染情况。储藏过程中，高温和高湿最容易导致花生霉变。花生被霉菌污染，其中绝大多数霉菌是黄曲霉。此时的黄曲霉污染会产生大量的黄曲霉毒素,最终残留在花生及其相关的农产品中。农产品中黄曲霉毒素的超标,很大程度是花生在储藏过程中黄曲霉的污染所导致的。

2. 黄曲霉对玉米的危害

玉米是世界上种植面积最广且最为重要的经济作物之一。黄曲霉对玉米的侵染是制约玉米产业发展的重要因素。玉米是我国主要的食用兼饲用的农作物,受到黄曲霉污染的玉米籽粒,通过加工或深加工残留在相关的农产品中,严重威胁着人类和家畜的健康。黄曲霉侵染玉米主要有两种途径:一是在田间玉米抽穗期间,由于害虫危害如玉米钻孔虫等危害产生伤口、土壤贫瘠及土壤干旱引发的穗部感染;二是由于种子收获后储存条件不当造成的。

黄曲霉的分生孢子迁移到玉米穗部,在适宜的条件下萌发出菌丝,菌丝通过不断地延伸和分支,最终形成菌丝体。待黄曲霉菌丝体覆盖整个玉米种子,进入无性发育阶段,依次产生瓶梗、梗基、分生孢子梗等,最终在分生孢子梗上产生大量的成串的分生孢子,侵染传播到周围的玉米植株,最终造成大面积的黄曲霉病害。图 1-8 是黄曲霉在培养皿培养条件下对玉米的侵染结果。

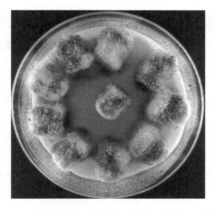

图 1-8 黄曲霉侵染的玉米(彩图请见二维码)

黄曲霉 CA14 的分生孢子接种玉米种子后侵染的结果

在储藏及后续的加工过程中，黄曲霉经常侵染玉米及其农产品。倘若储存环境中湿度过高，或者玉米处理不当，均会加剧黄曲霉对玉米的污染。玉米遭到黄曲霉污染后，其利用价值完全丧失，还会产生大量的黄曲霉毒素，并污染环境。有调查发现，以玉米为原料的饲料中，黄曲霉毒素的检出率非常高。这些残留在饲料中的黄曲霉毒素都来自玉米黄曲霉的侵染所导致的。

3. 黄曲霉对其他植物的危害

除了可以侵染花生和玉米外，黄曲霉还可以侵染其他的农作物，如核桃、棉花、葵花籽等。在核桃的生长过程中，经常受到各种微生物的侵染，其中最影响核桃品质的微生物病害是产毒素的曲霉属真菌。尽管影响黄曲霉侵染的因子目前尚不完全清楚，但是有研究发现，干旱、高温和昆虫危害显著加剧了黄曲霉对核桃的侵染及危害程度。黄曲霉主要定植于棉花的种子，昆虫的叮咬及危害加重了黄曲霉的危害。有报道称耕作制度也会影响黄曲霉对棉花的侵染程度，棉花连作显著加重了黄曲霉的危害程度。

4. 黄曲霉的侵染循环

严格地讲，黄曲霉是一种条件性的植物病原真菌，特别容易侵染含油量比较丰富的植物种子器官，如玉米穗及玉米籽粒、脱壳及未脱壳的花生、棉花籽等。通常情况下，黄曲霉在土壤中以无性繁殖结构分生孢子或者休眠结构菌核的形式存在。黄曲霉可以在较大范围的气候带的土壤中分离得到，特别是在纬度 $16°\sim35°$ 最为常见。当纬度大于 $45°$ 时，较难发现黄曲霉的踪迹。即使在环境条件极其苛刻的情况下，黄曲霉的菌核也可以存活。为了证明菌核的生命力，有研究人员成功地复活了埋藏于土壤中 3 年以上的菌核，并最终得到了分生孢子。在黄曲霉的整个侵染循环中，主要包括以下的组织结构，即气生菌丝、菌丝体、分生孢子、菌核、子囊孢子等。

就玉米侵染循环而言,黄曲霉的分生孢子可以定植于玉米的穗轴和须。玉米幼嫩的穗轴灌浆后期更容易感染黄曲霉的孢子。对于成熟期的玉米而言,玉米须更容易受到黄曲霉的侵染。生长期间的植物受到黄曲霉侵染后,黄曲霉主要以菌丝状态在植物组织内生长,等到一定的生长阶段或环境条件的诱导,黄曲霉形成无性孢子或者菌核,再次回到土壤中,或者扩散到其他的健康植株,开始新一轮的侵染循环。

1.5.2 黄曲霉对人类和动物的危害

黄曲霉对人类和动物的危害主要分为两个方面,其一,黄曲霉作为一种病原真菌直接侵染人体,造成各种疾病,严重威胁着人类的健康,包括炎症、过敏反应、侵袭性曲霉病、角膜炎等。黄曲霉导致的人体侵染对免疫缺陷病人以及接受过器官移植的病人的危害常常是致命的。特别值得一提的是在侵袭性曲霉病中,黄曲霉已经成为仅次于烟曲霉的第二大病原菌。其二,黄曲霉在侵染过程中产生各种有毒的次级代谢产物,对宿主的细胞组织及免疫系统造成破坏。其中,黄曲霉毒素被公认为是目前自然界最强的致癌物,主要造成肝细胞癌,对人类的健康造成严重的威胁。此外,黄曲霉是能够侵染昆虫的最为主要的曲霉属真菌。

1. 侵袭性曲霉病

据报道,在曲霉属真菌引发的侵袭性曲霉病中,黄曲霉已经成为仅次于烟曲霉的第二大病原真菌。侵袭性曲霉病是指曲霉菌侵染肺部空洞或扩张的支气管,并在其中旺盛生长,其菌丝和肺部及支气管内的纤维质、黏液及细胞碎片等物质结合在一起,形成团块状的病变区。尽管侵袭性曲霉病在免疫功能健全的人群中较为少见,但是,在因器官移植、艾滋病等导致的免疫缺陷的病人中,侵袭性曲霉病的死亡率

极高。根据调查研究，在侵袭性曲霉病感染的病人群体中，大于 80%
的病原菌是烟曲霉；而第二大病原菌就是黄曲霉，大于 15%。在很多
国家和地区，黄曲霉已经成为鼻窦炎和角膜炎的主要病原菌。由于黄
曲霉具有很好的能力适应高温环境，这也致使黄曲霉成为高温干热地
区的主要病原真菌。图 1-9 是黄曲霉侵染后的小鼠肺部图。

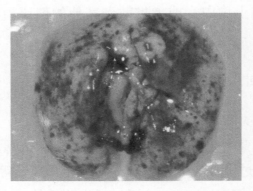

图 1-9　黄曲霉侵染后的小鼠肺（彩图请见二维码）

黄曲霉的分生孢子进入肺泡内，孢子萌发后产生菌丝，导致肺部
感染及侵袭性曲霉病。黄曲霉产生的许多化学和细胞因子有助于孢子
的萌发及侵染肺泡过程。黄曲霉分泌的蛋白酶在侵染组织的过程中具
有一定的功能，黄曲霉基因组拥有大量的蛋白酶编码基因，这些蛋白
酶很可能帮助黄曲霉在侵染过程中水解宿主中的各种蛋白质（弹性蛋
白和胶原蛋白），为黄曲霉的生长和侵染提供大量的营养物质。有报道
指出，黄曲霉产生的黄曲霉毒素也加剧了黄曲霉的侵染能力。作为一
种潜在的毒力因子，黄曲霉毒素可以抑制宿主嗜中性粒细胞的功能，
这无疑造成宿主免疫功能的缺陷，不利于清除病原菌。孢子在宿主体
内的存活和萌发，是触发侵袭性曲霉病的重要前提。研究发现，真菌
产生的色素在侵染过程中具有一定的功能，这些色素可以帮助孢子抵
抗紫外线、热等各种压力。图 1-10 是黄曲霉侵染小鼠肺部组织切片观
察图。

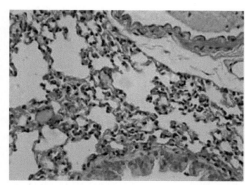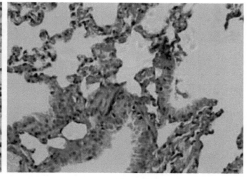

A   B

图 1-10 黄曲霉侵染小鼠肺部组织切片观察（彩图请见二维码）

A. 发育正常未受到黄曲霉侵染的小鼠肺部组织细胞的 PAS 染色图片；

B. 黄曲霉侵染后对小鼠肺部侵染部位组织细胞切片观察结果

到目前为止，有关于黄曲霉及黄曲霉毒素对人免疫系统的影响的研究尚在起步阶段。但是，有证据表明黄曲霉的侵染导致单克隆抗体的产生，从而诱导了组织的免疫反应。根据在小鼠体内的研究，黄曲霉毒素 AFB1 能够使 IL-1、IL-6 及肿瘤坏死因子在转录和翻译水平上解偶联，对淋巴细胞造成了复杂的影响。在支气管感染的真菌中，黄曲霉约占 10%，这可能与黄曲霉在环境中的分布及宿主因子有关。一项来自葡萄牙的研究结果表明，人体的内环境非常适宜侵袭性曲霉——烟曲霉的分生孢子的萌发，且对黑曲霉和黄曲霉分生孢子的萌发具有一定的抑制作用。黄曲霉导致的呼吸系统疾病在临床上与烟曲霉极为类似，主要包括曲霉肿、侵袭性曲霉病等。但是，由黄曲霉导致急性曲霉病的报道较少。到目前为止，伏立康唑是主要的一线抗真菌药物，可有效防治包括黄曲霉引起的侵袭性曲霉病。

2. 眼部感染黄曲霉——角膜炎

黄曲霉感染眼部的病例不仅常发生在北美，在亚洲的一些国家包括沙特阿拉伯和日本也经常报道。黄曲霉在这些地区的流行和发病可能与黄曲霉对热和干燥的天气具有很好的适应性相关。眼部感染黄曲霉更易于发生在免疫缺陷的病人中,包括因白内障接受手术的病人等。黄曲霉侵染眼部表现出的主要症状包括角膜炎、巩膜炎等。在显微镜下,黄曲霉可以在眼部组织中形成 60～400 μm 的菌丝体,以此为依据的快速诊断能够有效地控制和治疗黄曲霉的侵染。咪唑类药物和两性霉素等化学疗法可有效控制眼部感染黄曲霉引起的各种疾病。

3. 皮肤感染黄曲霉

黄曲霉也是皮肤感染的常见病原真菌之一。在皮肤感染的病原真菌中,黄曲霉仅次于烟曲霉,处于第二位。黄曲霉皮肤感染发生在免疫缺陷的病人身上,在感染的皮肤组织内产生很多分隔的菌丝。有报道发现,病人同时在鼻腔和皮肤感染了黄曲霉。皮肤活细胞切片和组织培养均可以快速地诊断黄曲霉感染。此外,两性霉素和咪唑类抗生素可以有效治疗初次黄曲霉感染的皮肤病。

1.6　黄曲霉的分布

正如其他曲霉一样,黄曲霉在自然界具有广泛的分布,包括土壤、空气及油料作物的种子。这主要是由于黄曲霉可以产生大量的分生孢子,在风、昆虫等协助下,传播到各处。环境因素对黄曲霉具有重要的影响,其中,最为重要的就是湿度,我们研究结果也表明水活度对于黄曲霉的生长发育至关重要。

1.6.1　土壤

在黄曲霉的生活史中,有相当长的一段时间营腐生生活,而植物和动物的残骸是黄曲霉营养的主要来源。分析黄曲霉的基因组也发现黄曲霉基因组拥有大量的植物生物质水解酶和蛋白酶,这些蛋白具有胞外的分泌信号。黄曲霉的腐生生活在地球的碳氮循环中也具有一定的作用。当土壤中的温度、湿度条件适宜时,黄曲霉主要以丝状的气生菌丝的形式生长，并不断分支，最终形成菌丝体。在不利的环境条件下，如高温、低温、干燥等，黄曲霉产生繁殖结构（分生孢子）或抗性结构（菌核），以帮助黄曲霉度过不利的环境条件。遇到适宜的环境条件，分生孢子和菌核均可以萌发，再次产生菌丝，继续其腐生生活。

1.6.2　空气

在亚热带和热带地区的很多国家和地区，黄曲霉在空气中非常流行。气候条件对黄曲霉在空气中的分布和丰度具有重要的影响。特别值得注意的是，医院空气环境中的黄曲霉丰度相当高，污染严重。在很多研究中，黄曲霉是医院空气中存在的主要曲霉属真菌。并且，空气中黄曲霉的含量在不同的季节存在着很大的差异。春秋季节更适宜黄曲霉的生长繁殖，以致大量传播和扩散。空气中大量存在的黄曲霉分生孢子是侵入性曲霉病、过敏反应和急性曲霉病的关键危险因子。在历史上，几次曲霉病的大规模暴发与医院的改造密切相关，这些改造活动有可能把医院室内的黄曲霉孢子暴露在室外空气环境下，造成空气中的黄曲霉孢子的浓度在短时间内积聚增加。

1.6.3　水体

黄曲霉及其分生孢子经常存在于水体中，黄曲霉的污染可明显改变水的味道和气味。黄曲霉对饮用水的污染也产生了潜在的健康问题，包括黄曲霉毒素超标、侵袭性曲霉病及过敏反应等。大量的研究关注这一课题，特别是水体中黄曲霉控制和黄曲霉毒素的脱除是近年来研究的热点课题。水的流速和温度对黄曲霉的浓度和丰度均具有重要的影响。特别是有研究发现，黄曲霉及其产生的黄曲霉毒素可以避开一般的水处理过程，残留在饮用水中。

1.6.4　植物

　　黄曲霉可以侵染许多植物，特别是油料作物的种子，包括花生、玉米、核桃、棉花、板栗等。待侵入植物及后续的共生阶段，黄曲霉主要以菌丝及菌丝体的状态存在。但是，黄曲霉侵染植物开始于分生孢子在植物体上着陆并存活。空气中的黄曲霉分生孢子最有可能侵染玉米、核桃等其他坚果。而土壤中的生物运动及雨水的冲刷最易导致黄曲霉在花生种子和棉花种子中定植、生长及繁殖。在玉米中，黄曲霉最先侵染玉米的穗轴及用于接受花粉的长须。年幼的玉米穗轴更容易被黄曲霉侵染。而恰恰相反的是，相较于年幼的长须，较成熟的长须更容易被黄曲霉污染。昆虫和鸟类对植物的破坏为黄曲霉的侵染提供了重要的敏感位点，同样加重了黄曲霉对植物的侵染。昆虫的破坏作用对黄曲霉侵染植物的影响最为明显，几乎影响所有的黄曲霉敏感的农作物。能够增强黄曲霉侵染能力的昆虫包括玉米钻孔虫、甲壳虫及水稻象鼻虫等。此外，农作物的种类及地理位置影响了黄曲霉的分布和浓度。

1.6.5　农产品

　　收获后的储存过程中，农产品也很容易被黄曲霉污染。黄曲霉既可以侵染收获前的重要经济作物，也可以在它们收获后的储藏、运输和加工等多个环节中造成污染。一方面，黄曲霉的侵染会造成重要经济作物的减产。另一方面，黄曲霉的侵染产生大量的黄曲霉毒素，进而导致农产品的品质严重下降，最终造成巨大的经济损失。据联合国粮食及农业组织（FOA）报告，全球每年大约25%的农作物受到真菌和真菌毒素的污染，所造成的经济损失达数千亿美元。其中，最主要的真菌毒素是曲霉属真菌所产生的黄曲霉毒素。仅在美国，黄曲霉毒素污染所导致的经济损失每年大约为 10 亿美元，据估计，在亚洲和非洲的发展中国家经济损失远大于此。通过全面调查我国 12 个省份花生黄曲霉污染状况，统计表明，2009 年我国花生黄曲霉毒素污染普遍，东北产区的黄曲霉毒素检出阳性率高达 42.17%，而南方产区更是高达83.15%。更为严峻的是，由于全球气候的恶化，包括黄曲霉在内的真菌和以黄曲霉毒素为代表的真菌毒素污染有明显加剧的态势。

第2章 黄曲霉毒素

黄曲霉毒素（aflatoxin，AF）是由黄曲霉产生的次级代谢产物，是一类结构类似的二呋喃香豆素衍生物，是迄今为止发现的致癌性最强、毒性最强的天然污染物之一，对人类和动物健康造成巨大的危害，同时黄曲霉毒素的污染也可对农业经济造成巨大损失。了解黄曲霉毒素的种类和危害特点，阐明黄曲霉毒素的分子生物合成路径，有利于解析黄曲霉毒素合成的分子机制，也为黄曲霉及黄曲霉毒素危害的防控奠定重要理论基础。本章将针对黄曲霉毒素的种类和危害、黄曲霉毒素的生物合成路径作一个较为全面的介绍。

2.1 黄曲霉毒素的种类和性质

自20世纪60年代以来，发现的黄曲霉毒素的种类至少有二十几种，目前确定结构的有18种。黄曲霉毒素是一类二氢呋喃氧杂萘邻酮的衍生物，黄曲霉毒素化学结构十分相似，基本结构为一个双呋喃环和一个氧杂萘邻酮，前者是毒素的基本结构，后者与其致癌性密切相关，并加强了毒素的毒性，因此不同结构的黄曲霉毒素具有不同的毒力特征。据毒理实验报道，黄曲霉毒素特别是黄曲霉毒素B1（AFB1）毒性巨大，其毒性为砒霜的68倍、氰化钾的10倍，导致或诱发肝癌的能力为二甲基亚硝胺的75倍，为3,4-苯并芘的毒性的4000倍。长期食用含低浓度黄曲霉毒素污染的食物能引起动物消化系统紊乱、贫血、胚胎中毒和生育力严重下降等；而高浓度的黄曲霉毒素摄入能直接导致肝脏和胆囊增生、胆囊水肿或大量出血坏死，甚至直接导致死亡。

2.1.1　黄曲霉毒素的种类与结构

黄曲霉毒素在紫外线的照射下均能发出强烈的特殊荧光。根据其发射的荧光颜色不同，黄曲霉毒素可分为 B 族和 G 族两大类。B 族与 G 族最大的区别在于在紫外线 365nm 照射时，B 族黄曲霉毒素所发射荧光波长为 425nm（蓝色荧光），G 族黄曲霉毒素为 450nm（黄绿色荧光）。其中 18 种黄曲霉毒素的化学结构已经明确，分别命名为黄曲霉毒素 B1、B2、G1、G2、M1、M2、B2a、G2a、寄生曲霉醇（B3）、黄曲霉毒醇（RO）、P1、Q1、BM1、GM1、GM2 等。最常见的 6 种黄曲霉毒素为 B1、B2、G1、G2、M1 和 M2（图 2-1），其中前 4 种为

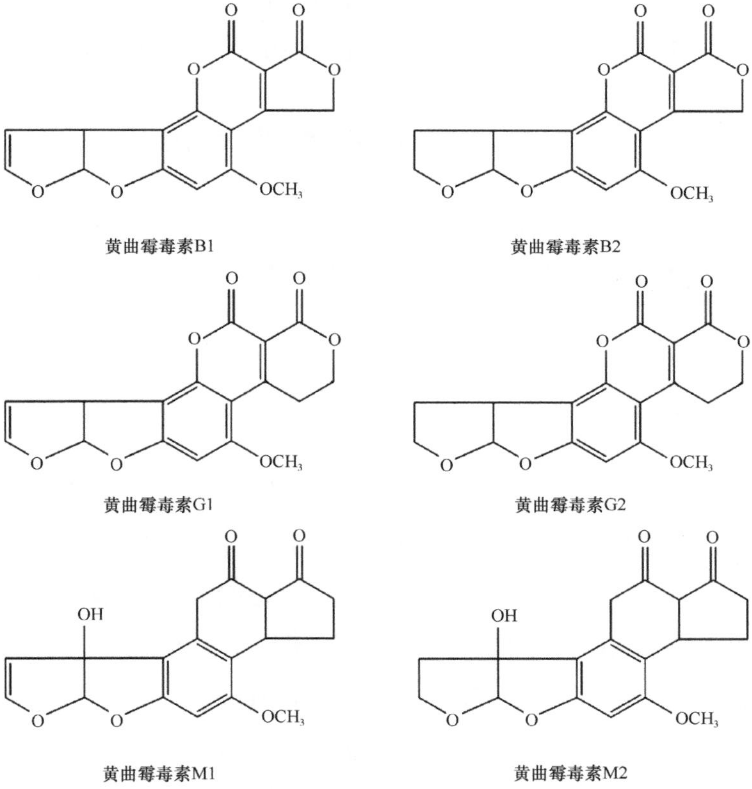

黄曲霉毒素B1

黄曲霉毒素B2

黄曲霉毒素G1

黄曲霉毒素G2

黄曲霉毒素M1

黄曲霉毒素M2

图 2-1　主要黄曲霉毒素化学结构示意图

自然界天然存在，而黄曲霉毒素 M1、M2 是人类或哺乳动物摄入黄曲霉毒素 B1、B2 后经过体内循环代谢产生的。它们主要是通过肝微粒体酶作用羟化而成，最初在动物的乳汁中被发现，主要存在于动物的代谢产物中，如尿液和排泄产物。

2.1.2　黄曲霉毒素的理化性质

黄曲霉毒素在化学结构上十分相似，均含 C、H、O 三种元素，在紫外线和红外线区域，各种黄曲霉毒素均表现出多个吸收峰，比旋光为右旋。无色、无嗅、无味，相对分子质量为 312~346。由于这类毒素含有大环共轭体系，热稳定性非常好，分解温度为 237~299℃，熔点为 200~300℃，熔解时会产生分解。黄曲霉毒素难溶于水、石油醚、己烷，易溶于甲醇、氯仿、乙腈、丙酮和二甲基甲酰胺等溶液。

2.2　黄曲霉毒素的危害

黄曲霉毒素对人和多种动物表现出剧烈毒性，并具有强烈的致癌性。在目前已知所有的真菌毒素中，其毒性、致癌性、致突变性和致畸性均居首位。

2.2.1　黄曲霉毒素中毒

在各种黄曲霉毒素中尤以 AFB1 的毒性最大、致癌力最强，危害最为严重。AFB1 广泛存在于各种农产品、食品和饲料中，严重污染花生、稻米、玉米、小麦等粮油产品，给人们的身体健康和消费安全带来极大危害。AFB1 的急性中毒部位是肝脏，中毒症状主要表现为呕吐、发热、厌食、黄疸和肝腹水等。AFB1 的中毒机理为阻止蛋白质、酶和凝血因子的合成，抑制葡萄糖、脂肪酸等代谢，引起免疫抑制和 DNA 损伤等。对细胞毒性的作用是干扰 RNA 和 DNA 的合成，从而干扰细胞蛋白的合成，导致全身性的损害。

2.2.2　黄曲霉毒素致癌性

AFB1 具有强致癌性，其致癌力是二甲基亚硝胺的 75 倍，3,4-苯并芘的 4000 倍。1993 年被国际癌症研究机构（International Agency for Research on Cancer，IARC）列为一类致癌物质。AFB1 是一种前致癌物，其二呋喃环末端的双键通过混合功能氧化酶的环氧化作用，变成 2,3-环氧化黄曲霉毒素 B1，形成近致癌物，再经化学变化成为带正电荷的亲电子分子，成为终致癌物。它们和脱氧核糖核酸或核糖核酸的组成成分鸟嘌呤碱基结合，使遗传密码排列错误，引起细胞突变而致癌。研究认为，原发性肝癌的发生与 *p53* 基因的突变密切相关，AFB1 能作用于 *p53* 基因上的 249 位密码子，使其碱基 G 发生特异性突变成为 T，造成 *p53* 基因突变，阻碍细胞正常生物学功能的发挥，使细胞生长繁殖失控，引起细胞的转化以及癌变，所以 AFB1 能导致肝癌的产生。

在 2002 年，国际癌症研究机构研究了黄曲霉毒素与乙型肝炎病毒的协同作用。研究结果表明，AFB1 暴露是引起人类原发性肝癌发生的主要危险因素之一。例如，我国两个肝癌高发区广西和青岛，均处潮湿的地带，粮食谷物等农产品易霉变。流行病学调查表明，这些地区的花生和玉米中 AFB 含量大大超过了诱发动物肿瘤所需剂量。IARC 报告中，在上海进行的病例对照研究表明，单独 AFB1 暴露者发生肝癌的相对危险度仅为 3.4，单独乙型肝炎病毒（HBV）表面抗原阳性者为 7.3，而两者同时存在时阳性者高达 59，说明 AFB1 暴露和 HBV 感染在致肝癌过程中有明显协同作用。这方面的最新研究是 2004 年肯尼亚东部发生黄曲霉毒素中毒事件后，第一次定量分析了食物中黄曲霉毒素浓度、接触史、血清中黄曲霉毒素加合物浓度与急性中毒之间的关系；该研究也首次定量分析了 HBV 与急性黄曲霉毒素中毒之间独立的关系。世界上的许多肝癌高发区的食品及农产品中的黄曲霉毒素污染率都较高，肝癌发生的地域分布与 AFB1 污染分布基本一致。

AFM1 是哺乳动物摄入被 AFB1 污染的食品或饲料之后，在体内肝微粒体单氧化酶的催化下，通过细胞色素 P450 的调节作用，末端呋喃环 C-10 被羟基化而生成。研究发现，人类和乳牛摄入 AFB1 后，在其乳汁中变成 AFM1 的转化率为 0.3%~6.1%。尽管 AFM1 的毒性比 AFB1 的毒性小一个数量级，但它常出现在极易受到毒素损害的婴幼儿的日常消费乳制品中，因此 AFM1 的污染问题更能引起社会的广泛关注。国际癌症研究机构也一再提升 AFM1 的致癌等级，已从 1993 年的二类致癌物质提升为 2002 年的一类致癌物。AFM1 的危害主要体现在致癌和致突变性，生理学研究表明，AFM1 远端呋喃环氧结构与体内 DNA 嘌呤残基共价结合，从而造成 DNA 的损伤，引起 DNA 结构和功能改变，从而产生癌变，与 AFB1 的致癌性基本相似，但毒性低于 AFB1，然而与氰化钾和砒霜相比，它仍属剧毒物质，为强致癌剂。流行病学研究表明，肝癌高发区的发病率与 AFB1 的摄入以及其转化为尿中的 AFM1 的转化率有密切关系。但随着饮食结构的调整，人类直接摄入 AFB1 的机会越来越少，而动物乳及乳制品中 AFM1 的存在对人类的危害变得更为突出。

2.3　黄曲霉毒素的生物合成途径

在黄曲霉毒素化学结构确定之后，人们就开始尝试破译黄曲霉毒素生物合成途径。随着分子生物学的快速发展、基因克隆和酶促特征技术的进步，黄曲霉毒素生物合成途径基本研究清楚，至少包括 27 个酶促反应步骤，多达 30 个基因参与黄曲霉毒素生物合成（图 2-2）。在黄曲霉和寄生曲霉的研究中发现，存在黄曲霉毒素合成基因成簇，

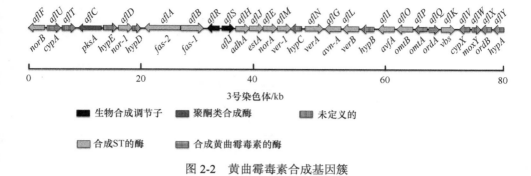

图 2-2　黄曲霉毒素合成基因簇

位于 3 号染色体上近端粒端，由约 80kb 区域内的基因共同完成黄曲霉毒素的合成。

　　近些年来，AFs 合成途径的大部分基因在合成途径中的作用已被阐明，如 AFs 生物合成中最重要的调节基因 *aflR*，是一个锌簇转录因子，具有 GAL4 型的锌指结构，该结构是某些真菌和酵母调节蛋白的特征性结构，具有 DNA 结合域，暗示 *aflR* 基因产物可以作为一种具有自身调节作用的顺式作用因子，对 AFs 合成途径的其他基因的转录起正调节作用。此外，*aflR* 基因表达的改变可以引起 AFs 生物合成中的相关结构基因表达的改变，如 *aflR* 基因的过表达可以引起 AFs 产量增加以及 AFs 合成通路中的其他基因的上调表达。受环境和营养因素的影响不同，*aflR* 基因表达也不同，通常温度、水活度、营养状况、细胞内 NADPH/ NADP$^+$的水平等都可以影响 *aflR* 基因的表达情况。另外，毗邻 *aflR* 的 *aflS* 基因与 *aflR* 转录方向相反，研究发现它也有转录调控功能，然而，*aflS* 如何与 *aflR* 一起调控产毒基因簇上结构基因的转录仍然是不清楚的，需要进一步的深入研究。

　　黄曲霉毒素合成的初级阶段与脂肪酸的生物合成类似，即从乙酰CoA 开始，以丙二酸单酰 CoA 为延长单位，在聚酮化合物合成酶（PKSA）催化作用下形成黄曲霉毒素的聚酮骨架，经过一系列的酶促反应最终生产黄曲霉毒素 B1、B2、G1 和 G2，具体流程如图 2-3 所示。

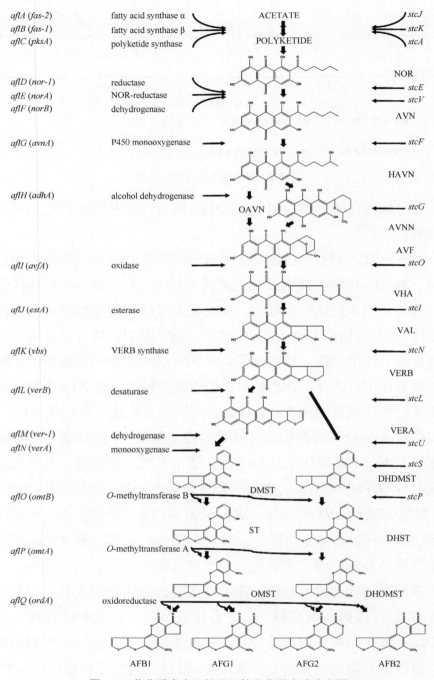

图 2-3　黄曲霉毒素调控基因簇和化学合成流程图

2.3.1 *aflA* 和 *aflB*

NOR 是首先被证实的一种稳定的黄曲霉毒素前体物质。己酰基团是黄曲霉毒素合成的起始单位底物,而这一过程涉及两个脂肪酸合成酶(FAS)和一个聚酮化合物合成酶(NR-PKS,PKSA)的参与。NOR 的前体 noranthrone 的形成,需要 7 个重复的丙二酰基衍生的酮酰胺衍生物来合成。脂肪酸合成酶首先被命名为(AflA)Fas-1A,而另外一个 α 亚基在后来的实验中也被证实参与了 NOR 前体物质的形成被命名为(AflB)Fas-2A。此后,在构巢曲霉的研究中发现 Fas-1A、Fas-2A 与 ST 杂色曲霉素合成路径中的 StcJ、StcK 同源,在后续的研究中也发现了这两种蛋白质的确参与了脂肪酸的合成和聚酮化合物的合成。

2.3.2 *aflD* 到 *aflF*

黄曲霉毒素第一个稳定的中间体是在寄生曲霉经紫外线照射下产生的突变体中被发现,而且是由 NOR 产生的。研究发现,在 NOR 积累的突变体中并未完全抑制黄曲霉毒素的合成。通过基因互补的策略,发现了一个还原酶 AflD,体外重组表达的 AflD 可以催化并导致 NOR 的降解。AflD(Nor-1)编码基因的敲除也证实了它参与黄曲霉毒素生物合成中 NOR 转化为 AVN 的过程。而构巢曲霉中 *aflD*(*nor-1*)同源基因是 *stcE*。在黄曲霉毒素合成基因簇中与 *aflD*(*nor-1*)同源的基因,如 *aflE*(*norA*)和 *aflF*(*norB*)被预测可能编码短链芳基醇脱氢酶,有研究表明这些蛋白质还可以根据细胞的还原环境来催化 NOR 到 AVN 的还原,如果它们能够补充 Nor-1 的功能,就可以解释 *aflD* 突变后为什么还能有黄曲霉毒素的合成。

2.3.3 *aflF* 到 *aflG*

最早发现 AVN 转化为 HAVN 的证据，来自于 20 世纪 80 年代放射性同位素渗入研究。在这些研究中发现，NOR 转化为 HAVN 分为 3 个酶促反应过程：第一步是由还原酶催化 NOR 转化为 AVN，第二步是单加氧酶催化的 NOR 至 HAVN，第三步由第二脱氢酶催化 HAVN 至 averufin（AVF）。研究还提出这种氧化反应是可逆的，NADPH 是其中重要的辅助因子。后来的研究表明，Ord-1 是一个 P450 类型的单加氧酶，生化试验也证明了 HAVN 是 AVN 转化为 AVF 的中间体。而在构巢曲霉的研究中，发现 *aflG*（*ord-1*）基因与 ST 路径合成过程中的 *stcF* 高度同源。

2.3.4 *aflG* 到 *aflH*

许多研究已经将 AVF 作为黄曲霉毒素形成的关键中间体之一。据报道，有几个中间体参与从 AVN 到 AVF 的转换。研究者对寄生曲霉的乙醇脱氢酶 AflH 进行了研究，结果显示 *aflH* 缺失突变导致 HAVN 积累，延长生长后，突变体能够产生少量的 AVNN，因此 HAVN 可以通过其他胞质酶直接或间接转化成 AVF。还有研究者将一种新的黄曲霉毒素中间体命名为 5'-oxoaverantin（OAVN），作为 HAVN 和 AVF 之间的中间体。将 HAVN 转化为 OAVN 的酶由 *aflH*（*adhA*）基因编码。*adhA* 基因缺失突变体是泄漏的，表明另外的一个或多个基因可能涉及从 OAVN 转化为 AVF 的过程。黄曲霉中的 *aflH*（*adhA*）基因和寄生曲霉的 *adhA* 基因在 DNA 或氨基酸水平上都没有显著的同源性。

2.3.5 *aflH* 到 *aflI*

VHA 被证实是通过 AVF 的氧化形成的黄曲霉毒素前体。AVF 转化为 VHA 涉及细胞色素 P450 单氧化酶基因 *cypX* 和另外一个基因 *aflI*（*avfA*）。虽然 AflI 是转化所必需的，但其氧化作用尚不清楚。构巢曲霉也具有 *aflI* 基因同源物（*stcO*）。实验证明，通过黄曲霉 *aflI* 基因的互补实验，恢复了寄生曲霉菌株将 AVF 转化为 VHA 并产生黄曲霉毒素的能力。*aflI*（*avfA*）编码的蛋白质以及 *cypX* 基因产物参与了形成羟基异色酮的闭环步骤。研究结果还表明，*avfA* 基因产物与 P450 单加氧酶相关，但由于没有另外的中间体，AVF 也可能由其他基因的缺失而产生。

2.3.6　*aflI* 到 *aflJ*

目前多个课题组已经证明酯酶参与了 VHA 转化为 VHOH（VAL）。这一酯酶首先在寄生曲霉中被纯化，后来在黄曲霉毒素基因簇研究中发现了酯酶基因 *aflJ*（*estA*），其在构巢曲霉 ST 生物合成基因簇中的同源基因是 *stcI*。在寄生曲霉的 AflJ（EstA）缺失突变体中，累积的代谢物主要是 VHA 和多色素 A（VERA），乙酸多巴醇（VOAc）等下游黄曲霉毒素中间体，包括 VHOH 和多色素 B 也有少量的积累。先前的报道描述了含有 VHA、VOAc、VHOH 和 versiconol（VOH）的代谢网络，并且表明从 VHA 到 VHOH 和 VOAc 至 VOH 的反应由相同的酯酶催化。之后，鉴定了含有多色素（VONE）、VOAc 和 VHA 的另外一种代谢网络。实际上现在已经证明，*estA* 编码的酯酶在黄曲霉毒素生物合成过程中催化了 VHA 到 VHOH 和 VOAc 到 VOH 的转化。

2.3.7　*aflJ* 到 *aflL*

通过环化酶将 VHOH 转化为 VERB 的证据，首先由研究者在 1992 年提出。该酶被鉴定为 VERB 合成酶，接着该基因被克隆并命名为 *vbs*，通过基因重组表达的 VBS 蛋白证明了预期的环化酶活性。VHOH 环化酶和 VERB 合酶是从寄生曲霉中分离出来的,该酶催化外消旋 VHA 的侧链环化脱水为 VERB,这是黄曲霉毒素形成的另外一个关键步骤,因为它关闭黄曲霉毒素的双呋喃环,该部分最终导致黄曲霉毒素的毒性和致癌性。科学家将 *vbs* 基因重新命名为 *aflK*(*vbs*)。在构巢曲霉 ST 生物合成基因簇中,它的同源基因为 *stcN*。

2.3.8 *aflL*

VERB 是形成 AFB1/AFG1 或 AFB2/AFG2 的关键分支点。与 AFB2/AFG2 类似,VERB 含有四氢四呋喃环;类似于 AFB1/AFG1,VERA 也含有二氢双呋喃环。VERB 转化为 VERA 需要通过依赖 NADPH 的不稳定微粒体酶对 VERB 的双呋喃环进行去饱和。构巢曲霉中 *stcL* 基因编码的是细胞色素 P450 单加氧酶,*stcL* 的敲除导致 ST 不能合成,而累积了 VERB。而在寄生曲霉和黄曲霉中的同源物 *aflL*(*verB*)也存在于黄曲霉毒素合成基因簇中。此外,培养基中的环境对 VERB 去饱和酶的活性有显著的影响,从而会影响 AFB1、AFB2、AFG1、AFG2 产量的最终比例。

2.3.9 *aflM* 和 *aflN*

目前的研究已经详细描述了 DMST 的形成和从 VERA 到 DMST(和 VERB 到 DHDMST)的转化过程。通过遗传互补实验证明,克隆的 *aflM*(*ver-1*)基因在寄生曲霉中负责将 VERA 转化为一种未知的黄曲霉毒素中间体。*aflM*(*ver-1*)基因预测编码酮还原酶,类似 *Nor-1* 基因。在构巢曲霉中鉴定了 *ver-1* 同源物 *stcU*(以前称为 *verA*),*stcU* 和 *stcL* 的双突变会导致 VERA 的积累。研究表明,*stcS* 基因(以前称为 *verB*)和一种细胞色素 P450 单加氧酶基因,也参与了形成 DMST

过程中 VERA 转化为中间体的步骤。*stcS* 的敲除导致 VERA 的积累与 Ver-1 的效果一致。因此，将 VERA 转换为 DMST 需要 *stcU* 和 *stcS*。寄生曲霉中的 *stcS* 的同源物，被命名为 *aflN*（*verA*）。该转化需要的第三种酶是 HypA（AflY），该基因被预测编码单加氧酶，因为该基因的敲除也导致 VERA 的积累。该转化可能还需要第四种酶 OrdB，像 AvfA 一样，其同源物可能是单加氧酶 CypX 的辅助蛋白。

2.3.10　*aflO*

酶活实验研究证实，两种 *O*-甲基转移酶 I 和 II 参与了黄曲霉毒素生物合成。*O*-甲基转移酶 I 催化转移从 *S*-腺苷甲硫氨酸（SAM）到 DMST 和 DHDMST 的甲基，分别产生 ST 和 DHST。这一催化酶首先在寄生曲霉中得到纯化，大小为 43kDa。基于纯化酶的部分氨基酸序列，后来在寄生曲霉中也得到这一关键基因，为基因簇中的 *aflP*（*dmtA*）。研究者在寄生曲霉、黄曲霉和大豆曲霉中分离到相同的基因，命名为 *aflO*（*omtB*）。通过预测 *dmtA* 编码的蛋白质序列发现，该蛋白质含有共有的 SAM 结合基序。构巢曲霉中的 *aflO*（*omtB*）同源物被鉴定为 *stcP*。

2.3.11　*aflP*

将 ST 转化为 OMST 和将 DHST 转化为 DHOMST 所需的 *O*-甲基转移酶的基因，首先通过寄生曲霉中反向遗传学研究得到，该基因最初被命名为 *omt-1*，然后改为 *omtA*，最后更名为 *aflP*（*omtA*）。后来该重组酶在大肠杆菌中表达，通过酶活验证研究，证实了其具有转化 ST 至 OMST 的活性。因此，由 *aflP*（*omtA*）编码的 *O*-甲基转移酶 A 是负责将 ST 转化为 OMST 和将 DHST 转化为 DHOMST 的酶。接着，该基因的 DNA 序列（*omtA*）在黄曲霉和寄生曲霉中被克隆，在其他黄曲霉毒素和非黄曲霉毒素产生曲霉菌中也克隆得到这种 *aflP*（*omtA*）

基因同源物。而构巢曲霉中并不存在 *aflP* 直系同源物，这也是构巢曲霉产生 ST 作为最终产物而不是黄曲霉毒素的原因。

2.3.12 *aflQ*

基于底物验证实验，研究者提出了 B 组和 G 组黄曲霉毒素形成之间的关系。黄曲霉中命名为 *ord-1* 的 P450 单加氧酶基因被证明是该反应的必要条件。研究者将这种 P450 单加氧酶基因 *aflQ*（*ordA*）在寄生曲霉中克隆，并在酵母系统中证明它涉及 OMST 转化为 AFB1/AFG1，DHOMST 转化为 AFB2/AFG2 的过程。研究表明，合成 G 组黄曲霉毒素可能需要额外的酶。*cypA* 基因的克隆和研究表明，*cypA* 编码细胞色素 P450 单加氧酶，参与 G 组黄曲霉毒素的形成。通过使用微阵列的基因分析研究显示，*nadA* 基因也是黄曲霉毒素基因簇的成员。邻近基因簇的糖利用单元被发现在 AFG1/AFG2 形成中也发挥了重要作用。研究者通过敲除 *nadA* 基因，证实了 NadA 是一种细胞溶质酶，用于 OMST 和 AFG1 之间的新型黄曲霉毒素中间体的形成并最终转化为 AFG1。转录物 *hypB* 是 *hypC* 的同系物，可能参与 OMST 转化为黄曲霉毒素的氧化步骤之一。黄曲霉仅产生 AFB1 和 AFB2，而寄生曲霉产生 4 种主要的黄曲霉毒素 AFB1、AFB2、AFG1 和 AFG2。巧合的是，只有合成 G 组黄曲霉毒素的寄生曲霉具有完整的 *nadA* 和 *norB* 基因。已有初步的证据表明 *norB* 编码了主要参与 AFG1/AFG2 形成的另外一种酶。

2.4　黄曲霉毒素合成的调控基因

目前的研究表明，黄曲霉毒素的生物合成至少涉及 32 个不同的酶促反应，其中多个酶已经被研究证实。黄曲霉毒素的生成需要约 30 个基因的共同参与，极其复杂。除了重要的结构基因外，还有很多重要的调控基因，包括 *aflR*、*aflS*、*laeA* 和 *veA* 参与了黄曲霉毒素的合成和黄曲霉的生长发育。正调控基因 *aflR* 位于基因簇的中间，一个协同转录的基因 *aflS*（*aflJ*）也被发现参与转录调控。其他位置上的基因，如 *laeA* 和 *veA*，也已被证明在黄曲霉毒素生物合成中表现出"全球性"调控作用。

2.4.1　*aflR*

aflR 基因是黄曲霉毒素合成最为重要的基因，是黄曲霉毒素基因簇中大部分结构基因转录激活所必需的。它编码一个分子质量为 47 kDa 的蛋白 AFLR，AFLR 具有一个 GA14 型的锌指结构，该结构是某些真菌和酵母调节蛋白的特征性结构，具有 DNA 结合域，GA14 型是啤酒酵母半乳糖诱导基因表达的阳性调节子。功能性 AflR 可能作为二聚体进行结合，它结合到结构基因启动子区的回文序列 5′-TCGN$_5$CGR-3′。同时研究发现，相对于翻译起始位点，AflR 结合基序通常位于 –80～–600bp，大部分为 –100～–200bp。黄曲霉 *aflR* 的缺失导致了黄曲霉毒素通路基因表达的抑制；黄曲霉中 *aflR* 的过表达会上调黄曲霉毒素途径基因转录和促进黄曲霉毒素积累。这些结果表明，AflR 特异性参与了黄曲霉毒素生物合成的调控。实际上，所有 23 个上调的基因，通过对 DNA 微阵列鉴定的野生型和 *aflR* 缺失的黄曲霉菌株的转录谱分析发现，在其启动子区域具有共有的 AflR 结合基序。

2.4.2　*aflS*

虽然没有发现 *aflS*（*aflJ*）基因与数据库中任何其他编码基因有显著同源性，但它对黄曲霉毒素形成是必需的。黄曲霉毒素途径中间体的产生，在含有过表达 *aflR* 加 *aflS* 突变体中显著增强。荧光定量 PCR 显示，在 *aflS* 敲除突变体中，缺乏 *aflS* 转录物与一些黄曲霉毒素通路基因如 *aflC*（*pksA*）、*aflD*（*nor-1*）、*aflM*（*ver-1*）和 *aflP*（*omtA*）等，突变体失去了合成黄曲霉毒素中间体的能力，也没有产生黄曲霉毒素的能力。然而，敲除 *aflS*（*aflJ*）对 *aflR* 转录没有明显的影响，反之亦然。研究表明，黄曲霉 *aflS*（*aflJ*）的过表达并不导致 *aflM*（*ver-1*）、*aflP*（*omtA*）或 *aflR* 的转录升高，但似乎对 *aflC*（*pksA*）有一定的影响。目前，推测 *aflD*（*nor-1*）、*aflA*（*fas-1*）和 *aflB*（*fas-2*）基因是早期黄曲霉毒素途径中间体生物合成所必需的。

2.4.3 *laeA*

首先发现的全球调控基因 *laeA* 是在曲霉的模式物种构巢曲霉中。研究结果表明该基因在真菌中非常保守，LaeA 是含有 *S*-腺苷甲硫氨酸（SAM）结合基序的核蛋白，除了 AF 簇之外还激活了其他几个次级代谢基因簇的转录，如构巢曲霉中的 sterigmatocystin（ST）和青霉素簇，烟曲霉中的胶霉毒素簇。此外，它还调节烟曲霉毒素所需基因的合成。研究者发现 LaeA 参与 20%～40% 的主要类别次级代谢物生物合成基因的调控，它还调节一些与次级代谢物簇无关的基因。LaeA 如何调节次级代谢基因簇的确切机制目前尚不清楚。目前提出的一个调节机制是 LaeA 差异化甲基化组蛋白，并改变基因表达的染色质结构。

2.4.4 *veA*

构巢曲霉中的 *veA* 基因最初被发现是真菌光依赖性基因。通过构建突变体（*veA1*）可以消除真菌对光的依赖性，并导致构巢曲霉在黑暗中产生分生孢子。然而，无论光照条件如何，VeA 缺失的黄曲霉和寄生曲霉完全丧失了产生黄曲霉毒素的能力。在正常的生长条件下，部分黄曲霉和所有寄生曲霉在黑暗和光照条件下均产生分生孢子。VeA 含有二分核定位信号（NLS）基序，并且其向核的迁移是光依赖性的，并且需要进一步导入载体蛋白。在黑暗中，VeA 主要位于细胞核中，在光照下，它位于细胞质和细胞核中。VeA 没有可识别的 DNA 结合位点，因此它可能通过与其他调节因子的蛋白质-蛋白质相互作用对 ST 和黄曲霉毒素生产产生影响。黄曲霉和寄生曲霉中的 *veA* 缺失可以抑制黄曲霉毒素的产生，因为启动黄曲霉毒素生物合成可能需要核 VeA 的表达。

黄曲霉毒素是主要由黄曲霉和寄生曲霉产生的有毒和致癌的次生代谢产物，其可以污染收获前作物和收获后的谷物。黄曲霉毒素生物合成是涉及许多中间体和酶的复杂过程。黄曲霉毒素基因表达的调控发生在多个水平和多个调控组分，有遗传因素，也有影响黄曲霉毒素形成的生物和非生物元素。最近的研究揭示了黄曲霉毒素生物合成的每个步骤中涉及的酶的功能、编码这些酶的基因以及黄曲霉毒素形成的调控机制。这些研究有助于更好地了解黄曲霉毒素生物合成的机制，有利于鉴定真菌生长、黄曲霉毒素形成的天然抑制剂，最终设计出有效的策略以减少或消除食品和饲料商品的黄曲霉毒素污染。

第3章　环境因子对黄曲霉生长
和毒素合成的影响

黄曲霉毒素是具有强致癌、致畸和致突变作用的一种次级代谢产物，它能污染农作物，给食品行业带来重大的经济损失。同时，黄曲霉也是人类的致病菌，严重威胁着人类健康。研究表明，黄曲霉的生长发育以及次级代谢产物的产生与多种环境因素相关，但是温度与水活度是起主要作用的环境因子。黄曲霉如何响应温度与水活度等环境变化，并对生长发育以及次级代谢进行调控仍是热点问题之一。

3.1　温度的影响

温度是一个普遍存在的环境变量，可以随着时间和空间上的变化显著影响活细胞的生理机能。物种都进化形成了复杂的机制来对变化的温度感应并产生反应。对于任何物种来说都存在一个最适的生长温度，并且在某个适宜的温度区间内才能存活。研究表明，温度能够对黄曲霉的生长发育以及次级代谢产生重大影响。

3.1.1　温度对黄曲霉生长发育以及产毒的影响

黄曲霉的生长温度范围是 12～48℃，最适宜的生长温度是 29～37℃。目前研究表明黄曲霉在 29℃时产生黄曲霉毒素最多；而在 37℃时黄曲霉的生长速率最快，但是基本不产毒。研究者为了证实黄曲霉产毒的分子机制与温度的关系，监测了在 28℃和 37℃培养条件下黄曲霉产毒情况以及黄曲霉菌株内 5000 多个基因的表达情况，结果发现有

144 个基因的表达量存在差异变化。其中，103 个基因在 28℃培养条件下的表达量增加，说明这些基因主要参与次级代谢的过程。正如所预期的，黄曲霉毒素合成相关基因在 28℃培养条件下的表达量明显高于 37℃培养条件下。但是调控基因 *aflR* 和 *aflS* 的表达差异不大，说明黄曲霉在不同温度培养条件下的产毒情况与 *aflR* 和 *aflS* 的表达情况无关。最引人注目的是，感应温度的机制十分灵敏，因为黄曲霉在 37℃培养条件下立即停止产毒。我们相信对生理和次级代谢的有效集合对预测不同环境下的真菌污染有重要作用，对食品质量与安全也有重要影响。

我们通过一系列实验得出结论，温度对黄曲霉生长的影响十分显著，对孢子数目（黄绿色孢子）也有很大的影响。黄曲霉在 37℃时生长最快，在第 5 天时已长满直径 9cm 的平板，在 28℃时生长速度明显慢于 37℃，在第 6 天可以长满直径 9cm 的平板，同时分生孢子的产量明显少于 37℃时的产量（图 3-1）。在 20℃和 42℃时黄曲霉生长明显减慢，且孢子产量下降更加明显。尤其是在 42℃下，仅在菌落中间产生绿色分生孢子，菌落边缘呈锯齿状。42℃时，菌株的生长速度比 28℃时慢很多，到第 6 天时菌落直径还未达到 28℃培养条件时菌落直径的一半。由以上结果可以看出，37℃是其生长最适温度，温度过高或过低都会抑制黄曲霉的生长。

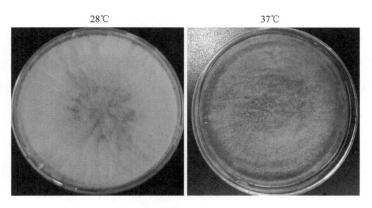

图 3-1　不同温度下黄曲霉生长情况（彩图请见二维码）

对不同温度下的产孢能力的分析发现,在 YES 培养基中于不同温度的培养箱中培养黄曲霉 7 天后,取出来观察并拍照。在培养基中打孔用来计算分生孢子数量。结果显示黄曲霉在平板上产生黄绿色的孢子,37℃时产孢量显著多于 28℃时,分生孢子的计数统计与培养基上的观察结果一致。

而对不同温度下产毒的薄层层析实验分析发现,在 28℃培养条件下黄曲霉毒素的产量最多,之后是 20℃和 37℃,而在 42℃培养条件下几乎不产生黄曲霉毒素。由此可见,黄曲霉的产毒毒量与温度有很大关系。而对薄层层析结果进行光密度分析发现,黄曲霉在 28℃时产毒量最多,与 42℃相比有很大差异,与 20℃与 37℃相比差异也较大,42℃条件下完全不产毒。因此可以确定温度能显著影响黄曲霉毒素的合成。

3.1.2 黄曲霉响应温度的转录组及蛋白组结果

温度调控黄曲霉产毒的机制十分复杂,与多种途径相关,但常规研究并不能有效明确某个机制参与此调控,因此需要综合应用组学的方法。研究者应用 RNA 测序技术描述不同温度条件下黄曲霉转录组的变化,定量鉴定覆盖黄曲霉 80%的基因的转录本,发现 1153 个基因在 30℃和 37℃下差异表达。55 个产毒基因簇中的 11 个在低温下表达上调,包括黄曲霉毒素合成基因。

蛋白组能鉴定到生物体组织内全部的蛋白质,对于功能基因组的研究十分重要。研究者应用 SILAC(在细胞培养基中用氨基酸进行稳定同位素标记)技术通过质谱分析法鉴定相对蛋白表达。用这项技术鉴定出 381 个蛋白,发现参与黄曲霉毒素合成的酶在 37℃培养条件下表达缺失。同时发现黄曲霉毒素合成途径中特异转录因子 AflR 在 37℃培养条件下定位于核内并激活,尽管此时并不产生黄曲霉毒素。

本实验室希望得到黄曲霉响应温度的精确结果,因此同时进行了

28℃和37℃两个温度下的转录组和蛋白组（iTRAQ）测序实验。转录组和蛋白组的 COG 分析都发现参与氨基酸转运和代谢的（E：aminoacid transport and metabolism）聚类最多，而核内结构基因（Y：nuclear structure）最少，说明温度影响黄曲霉的代谢过程，对核内结构基因影响较少。GO 分类中转录组和蛋白组结果较一致，生物进程中细胞进程和代谢过程所占比例较高；分子功能中则是结合和催化功能的表达量较高。表明参与代谢活动的基因较活跃，说明温度主要影响黄曲霉体内的代谢活动。

RNA 测序结果差异表达基因分析发现，37℃vs28℃中有 2285 个基因表达上调，3202 个基因表达量下调，与之前 RNA 测序的结果基本一致。蛋白组 iTRAQ 测序结果差异表达蛋白分析发现，37℃vs28℃中有 337 个蛋白表达上调，328 个蛋白表达下调，有变化的蛋白数目仅约是转录组的 1/10。对转录组和蛋白组关联分析发现这两者的相关性比较差，说明基因与蛋白质的表达结果不完全对应，推测转录后修饰在黄曲霉中起重要作用（图 3-2）。

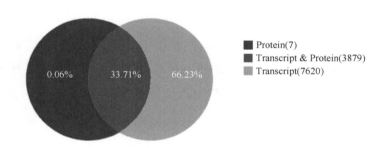

图 3-2　蛋白组与转录组的关联性分析

对细胞壁完整性通路的转录组和蛋白组进行分析，发现这一通路的基因基本都能鉴定到，但蛋白质水平发生变化的仅有膜蛋白表达量上调，其他基因的表达量均不变，推测可能是通过翻译后修饰来传递信号。

3.1.3 Spm1 蛋白在黄曲霉中的功能研究

丝裂原活化蛋白激酶（MAPK）途径是介导细胞反应的重要信号系统，普遍存在于真核生物中，参与了细胞生长、发育、分裂、死亡等多种生理反应的过程。它是一个保守的信号通路，能通过级联磷酸化反应迅速将上游信号传递至细胞内部引起细胞应答。这一通路在酿酒酵母和粟酒裂殖酵母中被广泛研究。通过与酿酒酵母的序列比对，发现在黄曲霉中共有 3 条 MAPK 通路，分别是 Hog1 通路（与高渗等压力有关）、Fus3/Kss1 通路（与细胞融合和丝状生长相关）和 Spm1 通路（与细胞壁完整性相关）。

在自然条件中为了适应多变的环境，黄曲霉必须具备迅速有效的应对机制，而与细胞壁完整性相关的 Spm1 通路对黄曲霉抵御外界环境尤为重要。细胞壁是维持正常生命活动所必需的亚细胞结构，在决定细胞形态、维持细胞结构完整性、保证细胞存活和稳定胞内生理平衡等方面起着重要作用，其组分的合成、降解及组装都受到严格的调控，既与细胞周期有关，又受外界环境的影响。细胞壁完整性的途径非常保守。在黄曲霉中存在 7 个位于细胞膜上的感受器，分别是 wsc1、wsc2、wsc3、wsc4、wsc5、mid2 和 mid2L。它们受到外界信号（温度、渗透压、pH 等）刺激后与 GDP/GTP 交换因子 Rom2 结合，之后激活 GTP 结合蛋白 Rho1。之后 Rho1 又通过激活丝氨酸/苏氨酸蛋白激酶 Pkc1，进而活化 PKC 途径。这一途径包括一系列丝裂原活化蛋白激酶——Bck1（MAPKKK），Mkk1/Mkk2（MAPKK）和 Spm1（MAPK）。受 Spm1 调控的转录因子有两种，即 Rlm1 和 Swi4/Swi6（图 3-3）。

为了探究细胞壁完整性途径在温度调控黄曲霉产毒中的作用，我们将 Spm1 基因敲除，并进行了一系列实验。本实验在 YES 培养基和 YGT 培养基中分别培养野生型和敲除突变株，结果发现在 YES 培养基中敲除菌生长速度和产孢明显慢于野生型（图 3-4），菌体皱缩、褶

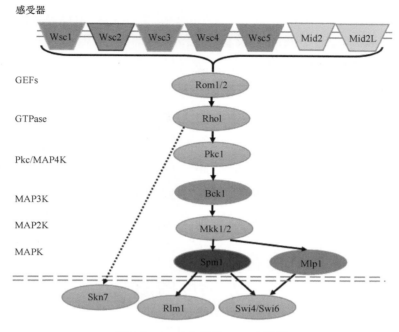

图 3-3　*spm1* 介导的 MAPK 途径

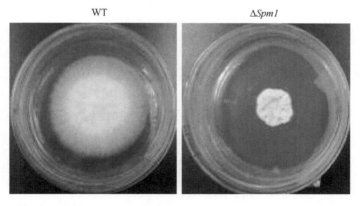

图 3-4　*Spm1* 基因敲除菌株（Δ*Spm1*）与野生型菌株（WT）的形态比较（彩图请见二维码）

皱明显，无极性生长。在 YGT 培养基中，敲除菌生长速度和产孢与在 YES 培养基中一致，但菌丝形态有差异，仍无极性生长，但皱缩程度和褶皱情况不明显。可能是因为 YES 培养基中含有大量蔗糖而形成高渗环境，敲除菌对渗透压更敏感。通过 TLC 和 HPLC 分析产毒，发现敲除菌的产毒量明显增加。对孢子计数和孢子簇结构观察，发现敲除菌产孢较少，孢子簇结构发育不全。

在 28℃和 37℃培养条件下观察敲除菌的生长情况，发现其与野生型类似，在 37℃下生长速度更快，说明 28℃和 37℃这两个温度对黄曲霉生长的调控与这条通路无关，可能这条通路参与的是极端温度的响应，如低温。同时，细胞壁完整性试剂处理后，敲除菌生长变慢，说明其对渗透压更敏感。同样，在高渗下也发现黄曲霉野生型基本没影响，但敲除菌生长受到明显抑制。经影响细胞壁完整性的试剂处理后，黄曲霉敲除株基本不生长，说明其细胞壁受到破坏，因而更敏感。

3.2 水活度的影响

水活度是指样品（培养基或作物）中可供微生物利用的自由水的含量，可以被表示为平衡相对湿度/100（a_w），在研究中可以通过添加不同量甘油来控制水活度。

3.2.1 水活度对黄曲霉生长发育以及次级代谢的影响

收集黄曲霉标准菌株 NRRL3357 的新鲜孢子，接种到含有不同甘油量的培养基中，28℃恒温培养 7 天，每天观察并记录菌落形态特征。由图 3-5 可以发现，随着水活度的下降，黄曲霉的生长速度也下降，在 $0.93a_w$ 培养基，黄曲霉生长很缓慢。

用玻璃纸铺在 YES 培养基上进行接菌，随后对菌体、玻璃纸及培养基一起提取毒素，结果发现，在 $0.99a_w$ 及 $0.95a_w$ 培养基上，黄曲霉的产毒情况没有明显变化，然而当水分活度下降到 $0.93a_w$，黄曲霉毒素的产量几乎检测不到（图 3-6）。由于黄曲霉在 $0.90a_w$ 培养 7 天时仍未生长，因此无法进行毒素的提取。

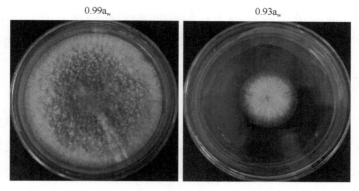

图 3-5　不同水活度下黄曲霉生长情况（彩图请见二维码）

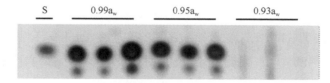

图 3-6　不同水分活度下黄曲霉毒素产生情况
S. AFB1 标准品

通过生长和产毒素的差异，我们选取了 0.99a_w 和 0.93a_w 两种影响效果显著的水活度，进行深入的研究。将 10^4 个新鲜孢子接菌到 0.99a_w 和 0.93a_w 的 YES 培养基上，培养至第 7 天，用打孔器打下菌落中心及四周共 5 个菌丝块，用孢子悬浮液溶解，经过涡旋、超声、过滤制成孢子悬浮液，而后进行计数。计数的结果显示，在 0.99a_w 下黄曲霉的产孢量大约是 $(1.635\pm0.074)\times10^8$ 个，比 0.93a_w 条件下的产孢量 $(1.623\pm0.110)\times10^7$ 多出 10 倍左右。

对菌丝尖端的研究发现，在显微镜下观察，0.99a_w 与 0.93a_w 并未有显著的差异，但是经过大量测量数据分析，统计的结果显示，0.99a_w 的水活度下菌丝尖端的长度为 (147.199 ± 5.845) μm，0.93a_w 水活度下尖端长度为 (117.755 ± 7.391) μm，存在着显著差异，这表明水活度越低黄曲霉的生长抑制越强。

水活度低的条件下生长速度缓慢，这可能归结于水活度的降低带来的水分胁迫，由于水分的匮乏，细胞的生长、代谢、发育缓慢。黄曲霉毒素合成下降可能是因为在极端的胁迫环境下，黄曲霉尽可能将所有的能源用于生存，而抛弃了非生存必需的次级代谢产物的合成。

3.2.2 黄曲霉响应水活度的转录组及蛋白组结果

本研究中，我们对黄曲霉响应两种水活度（$0.99a_w$ 与 $0.93a_w$）的转录组和蛋白组进行了研究。对 Unigene 进行注释的时候，发现 19 838 个 Unigene 比对到 Nr 数据库中的已知蛋白。在本研究中 RNA-seq 结果显示还可能有更多的 Unigene 有潜力翻译出有功能的蛋白质，这使得黄曲霉基因组的注释更加丰富。这种现象的可能解释就是转录后调节，如选择性剪接和 RNA 修饰，都会扩大转录的多样性。与 Nr 数据库比对发现，38%的序列比对到米曲霉中，而只有 6%的序列比对到黄曲霉中。Unigene 的功能分析和分类结果表明，大部分的 Unigene 都属于代谢途径。因为这些代谢途径涉及维持黄曲霉生存的基本生物过程。差异表达基因分析发现，$0.99a_w$ 中脂肪酸代谢相关的途径都表现出上调，如脂肪酸合成酶 FAS-1、FAS-2 和聚酮合酶，因此这一结果与推测中的脂肪酸代谢途径活跃一致。图 3-7 显示了不同水活度下转录组的比较结果。

在分析与黄曲霉毒素合成相关基因的转录差异时，发现 *aflF* 表达差异超过 10 倍。*aflF* 又名 *norB*，与 *aflE*（*norA*）编码的芳基醇脱氢酶有 68%的氨基酸相似，被认为是参与 NOR 转化为 AVN 的基因。此外还有 *aflD*（*nor-1*）编码酮还原酶，也参与了 NOR 转化为 AVN。三者的功能相似，因此只要它们其中的一个存在就能够催化 NOR 转化为 AVN，这可能能够解释为什么只有 *aflF* 上调超过 2 倍。有趣的是在 5 个上调最明显的基因中，*aflF*、*aflU* 和 *aflT* 3 个基因毗邻坐落在基因簇的最边缘，而 *aflG* 和 *aflN* 则毗邻坐落在基因簇的中间。因此 *aflF* 基因可能与开启和关闭黄曲霉毒素合成通路有关，在染色体位置上，这些基因可能与水活度的环境响应有关。

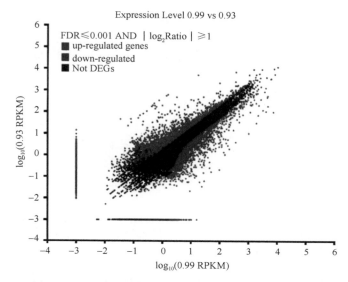

图 3-7　不同水活度下转录组的比较（彩图请见二维码）

在蛋白组研究中，与黄曲霉毒素合成相关的蛋白质分析结果令人疑惑，*aflR* 这个主要的黄曲霉毒素合成调节基因在本蛋白组中没有检测到。同样还有 *aflD*，这个基因在许多实验中作为黄曲霉毒素合成的检测探针，在 $0.99a_w$ 的高产毒条件下并没有上调。这种矛盾可能如前文所述，存在功能类似的 *aflF*、*aflE* 蛋白，因此该基因在蛋白水平没有发生上调。所以其他上调的蛋白如 *aflE*、*aflM* 可能更适合作为翻译水平上检测毒素合成的标记。

3.2.3　SAKA 蛋白在黄曲霉中的作用

在酿酒酵母中，Hog 通路的核心蛋白被称为 Hog1 MAPK，它在响应胞外刺激的时候受上游两个独立渗透压感应器支路激活。一般以支路上游各自的感受器区分为 Sln1 支路及 Sho1 支路。与酵母细胞相比，在构巢曲霉 Hog 通路中 TcsB/YpdA/SskA 信号支路（图 3-8）与酵母的 Sln1/Ypd1/Ssk1 支路功能相似，对应位置上的蛋白质也显示出同源性。与酵母细胞不同的是，在构巢曲霉中 ShoA（Sho1 同源）可能

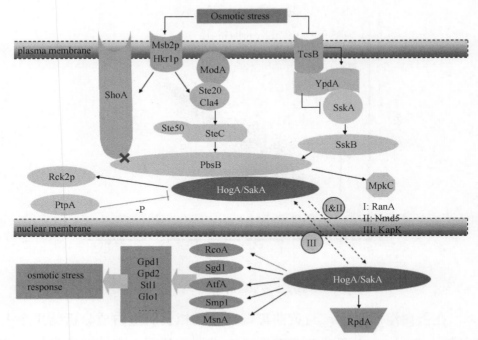

图 3-8　SakA 介导的 MAPK 途径

不参与 Hog 高渗响应通路，这是因为构巢曲霉的 PbsB 缺乏典型的脯氨酸富集区，而这个区域是 Pbs2 与 Sho1 结合所必需的。构巢曲霉 Hog通路还有一个与酵母不同且非常值得注意的地方，就是在构巢曲霉的Hog 通路中存在着一个 HogA 的同源蛋白 MpkC，这个蛋白在酵母中并未发现，但是过表达 MpkC 能够缓解 HogA 敲除菌的高渗敏感性。

　　在黄曲霉中对 Hog 通路并未进行详尽的研究，但是通过基因组的分析发现，黄曲霉中有两个 Ssk1 同源蛋白 SskA。为了探究 Hog 途径在水活度调控黄曲霉生长发育以及次级代谢中的作用，我们将 *sakA*基因敲除掉，*sakA* 基因即酵母中的 *hog1* 基因。

　　野生型菌株在面对胁迫的时候表现出了一定的胁迫敏感，敲除*sakA* 基因在正常的培养基中也表现出生长减缓（图 3-9）。但是敲除菌在水分胁迫时表现出严重的胁迫敏感，尤其是在山梨醇和 0.99a$_w$两个条件下。而对产毒的分析发现，*sakA* 突变株的黄曲霉毒素与野生型相比明显下降，几乎检测不到。*sakA* 基因敲除后，其产孢能力下降，孢子收集和计数结果显示，Δ*sakA* 的产孢量为（4.63±0.431）×10⁷个，野生型菌株的产孢量为（14.51±2.21）×10⁷个，约为突变株的 3 倍。

WT　　　　　　　Δ*sakA*

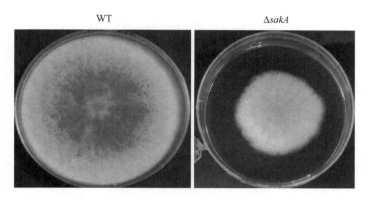

图 3-9　*sakA* 基因敲除菌株Δ*sakA* 与野生型菌株 WT 的形态比较（彩图请见二维码）

　　经过水活度对黄曲霉表型的影响研究及转录组、蛋白组分析，本研究试图从其中找出真正对黄曲霉感应水活度起作用的因素。Hog 通路作为真菌高渗胁迫响应通路被熟知，因此本研究将 Hog 通路作为黄曲霉感应水活度的一个候选通路。与酿酒酵母不同的是，黄曲霉 Hog 通路上存在有两个 Hog1 的同源蛋白 XP_002383823.1 及 XP_002378853.1，在 NCBI 数据库中均被命名为 *sakA*。两个蛋白与酿酒酵母 *Saccharomyces cerevisiae* S288c 中的 Hog1 蛋白同源性分别为 65%及 57%。而在构巢曲霉中同样存在两个 Hog1 的同源蛋白 HogA 及 MpkC。对 *sakA*（XP_002383823.1）进行敲除时，黄曲霉表现出了强烈的高渗敏感，因此本研究认为 SAKA（XP_002383823.1）蛋白应该是在 Hog 通路中起到核心作用的 MAPK 蛋白，这与转录组结果显示的 *sakA*（XP_002383823.1）转录水平在 0.93a_w 中更高这一结果相符。

第4章 营养元素对黄曲霉生长和毒素合成的影响

在微生物的生命周期中，为了维持正常的生长和繁殖，微生物需要从外界环境中摄入一些物质，来保证正常的新陈代谢和生命活动，而摄入的物质能为微生物提供生命不可或缺的能量和基质，这些就是营养物质。营养物质是指具有营养功能，能够满足微生物机体生长、繁殖和完成各种生理活动所需的物质，在微生物学中，它还包括非常规物质形式的光辐射能。微生物的营养物质可为它们的正常生命活动提供结构物质、能量、代谢调节物质和必要的生理环境。

4.1 营养物质的分类

营养物质在微生物的生命活动中起着极其重要的作用，是微生物赖以生存的物质基础。营养物质主要分为六大类，即碳源、氮源、能源、无机盐、生长因子和水。

4.1.1 碳源

能为微生物营养提供所需碳（元）素或碳架的营养物质被称为碳源，它提供细胞生命活动所需的能量，提供合成产物的碳架。碳源主要分为无机碳源和有机碳源。无机碳源主要为 CO_2 或 Na_2CO_3、$NaHCO_3$ 等碳酸盐；有机碳源主要为各种糖类物质及其衍生物、有机酸、氨基酸、蛋白质、醇类、脂类、芳香化合物及各种含碳化合物等。

大多数微生物是异养型，以有机化合物为碳源。微生物能够利用的碳源种类很多，其中糖类是最好的碳源。异养微生物将碳源在体内经一系列复杂的化学反应，最终用于构成细胞物质，或为机体提供生理活动所需的能量。所以，碳源往往也是能源物质。不同微生物利用碳源的能力不同：假单孢菌属可利用 90 种以上的碳源，甲烷氧化菌仅利用甲烷和甲醇两种有机物，某些纤维素分解菌只能利用纤维素。

4.1.2　氮源

氮源物质可分为无机氮源、有机氮源和分子氮。其中，无机氮源主要是氨、铵盐和硝酸盐等，有机氮源主要是蛋白质类及其不同程度的降解物（氨基酸、尿素）、嘌呤、嘧啶和氰化物等。氮源在微生物的生命活动中的主要作用是：构成细胞的组成成分，作为酶的组成成分，维持酶的活性，调节细胞的渗透压、氢离子浓度和氧化还原电位，作为某些自氧菌的能源等。提供细胞原生质和其他结构所需的营养物质，以及能够提供微生物生长繁殖所需的氮元素，一般不作为能源使用。但化能自养细菌中的亚硝化细菌，能从氨和二氧化氮等无机含氮化合物氧化中获得其生命活动所需的能源，所以对它而言氮源兼有氮源和能源双重功能。

4.1.3　能源

能源是为微生物的生命活动提供最初能量来源的化学物质或辐射能。例如，太阳光的光能就是许多可以进行光合作用的细菌的直接能源。自然界中的不少物质，如葡萄糖、淀粉等，既可作为碳源，又可作为能源；蛋白质对于某些微生物来说，是具有碳源、氮源和能源 3 种功能的营养源。至于空气中的氮气，则只能提供氮源，而阳光仅提供能源。

4.1.4 无机盐

无机盐是微生物生长必不可少的一类营养物质，包括磷酸盐、硫酸盐、氯化物以及含有钠、钾、钙、镁、铁等金属元素的化合物。无机盐主要有以下作用：提供微生物细胞化学组成中（除碳和氮外）的重要元素；参与并稳定微生物细胞的结构；镁、铜和锌等是许多酶的激活剂，固氮酶含 Fe、Mo 辅因子；调节和维持微生物生长过程中诸如渗透压、氢离子浓度和氧化还原电位等条件；用作某些化能自养细菌的能源物质，如含 S、Fe 的无机盐；用作呼吸末端的氢受体等。

4.1.5 生长因子

生长因子是指在组织培养中，除了氨基酸、维生素、葡萄糖以及无机盐等正常成分之外，其可以代替培养基血清高分子物质进而促进细胞生长、刺激细胞生长活性的细胞因子。它是微生物正常代谢所必需，但不能自行合成的需要量很小的一类有机物。生长因子的本质是维生素、氨基酸或碱基，在微生物培养基中含量较小，是酶和核酸的组成成分。

4.1.6 水

水是细胞的重要组成部分，它是营养物质代谢产物的良好溶剂，直接参与代谢反应；水能够维持蛋白质、核酸等生物大分子稳定的天然构象；营养物质和代谢产物都是通过溶解和分散在水中而进出细胞的；水的比热高，是热的良好导体，可保证细胞内的温度不会因代谢过程中释放的能量骤然上升。

黄曲霉是一种需氧型腐生性病原菌，在自然环境中，它的生长发育和其次生代谢产物——黄曲霉毒素的合成极易受到许多因素的影响，如水分、营养、温度和一些理化因素能显著影响毒素的合成。然而，黄曲霉毒素的合成在分子机制上是如何被环境因子所影响的，这仍然是未解之谜。在本章，我们挑选了对微生物生命活动起重要作用的两类营养物质：氮源和碳源进行研究，探索它们在黄曲霉生长发育和次生代谢产物合成等方面所发挥的重要作用。

4.2 氮源的影响

微生物细胞中含氮 5%～13%，它是微生物细胞蛋白质和核酸的主要成分。氮素对微生物的生长发育有着重要的意义，微生物利用氮素在细胞内合成氨基酸和碱基，进而合成蛋白质、核酸等细胞成分，以及含氮的代谢产物，而且不同氮源对微生物生长发育的影响程度不同。

4.2.1 不同氮源对黄曲霉生长和毒素合成的影响

在黄曲霉生长发育过程中，我们发现其在察氏培养基上生长极差，而且不产生黄曲霉毒素或者产量极少，我们猜测这可能与察氏培养基的氮源 $NaNO_3$ 有关，因此用一系列碳源代替 $NaNO_3$ 进行实验，发现黄曲霉在不同氮源上的生长具有一定的差异，其中在含 NH_4NO_3、$(NH_4)_2CO_3$ 和谷氨酸的察氏培养基上，黄曲霉生长较好，而在 NH_4HCO_3 存在时，黄曲霉生长极差（图 4-1）。在实验中我们发现，黄曲霉在含有 NH_4Cl 和 $(NH_4)_2SO_4$ 的培养基上的生长在第 6 天时不再增加，表现出生长速率的受限性；而同样作为铵盐的 NH_4NO_3，其上的生长速率却不同于 NH_4Cl 和 $(NH_4)_2SO_4$，反而和其他的氮源一样，表现出生长速率随着生长日期的增加而增加。因此我们推测，当 NH_4^+ 相同时，不同的阴离子也可能影响到黄曲霉的生长。

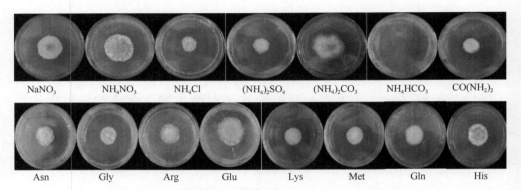

图 4-1　黄曲霉在含不同氮源的察氏培养基上的生长（彩图请见二维码）

　　另外一方面，我们对黄曲霉在各个氮源的产毒素情况进行了分析。研究发现除了 NaNO₃ 和各种氨基酸外，基本上其他氮源都有利于黄曲霉毒素的合成，并且研究发现铵盐和尿素可以促进少量 AFB1 的形成，这可能说明铵盐有利于黄曲霉毒素的产生。

　　在前面的实验中我们发现氨基酸对黄曲霉毒素的产生影响甚微，而有些氨基酸是含有铵根离子的，所以我们怀疑可能与所使用的浓度有关，于是降低使用浓度进行了重复，发现黄曲霉在这几种氮源上的生长没有较大差异，但是毒素产量有很大差异。黄曲霉在含精氨酸、天冬氨酸和谷氨酰胺的察氏培养基上产毒较多，而在含(NH₄)₂SO₄、NH₄NO₃、Leu、Met、Pro、NaNO₃ 的察氏培养基上产毒较少或者不产毒素（图 4-2）。最为重要的是，我们发现谷氨酰胺（Glutamine，Gln）是所选氮源中促进黄曲霉毒素合成最多的氮源。这些结果说明了不同氮源物质对黄曲霉毒素的合成有不同的影响：铵盐和尿素可能促进少量 AFB1 的形成，氨基酸可以促进合成相对较多的 AFB1，而谷氨酰胺是促进合成最多黄曲霉毒素的氮源。

4.2.2　不同浓度谷氨酰胺对黄曲霉生长和毒素合成的影响

　　从上面的实验中我们发现，谷氨酰胺可以明显促进黄曲霉毒素的产生，我们对此进行了进一步探究，发现 6mmol/L、60mmol/L、

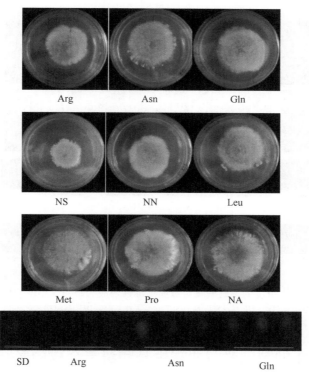

图 4-2　黄曲霉在含不同氮源的察氏培养基上的生长和产毒情况（彩图请见二维码）
SD. AFB1 标准品；NA：NaNO₃；NS：(NH₄)₂SO₄；NN：NH₄NO₃

90mmol/L 和 120mmol/L 的谷氨酰胺对黄曲霉生长没有很大影响，对毒素产量有一定影响，但是毒素产量差异不大（图 4-3）。研究还发现，当谷氨酰胺浓度在 1～4mmol/L 时，黄曲霉毒素 AFB1 的产量随着谷氨酰胺浓度的增加而增加，而当谷氨酰胺浓度在 4～6mmol/L 时，AFB1 的产量基本上不再增加。因此我们推断 4mmol/L 的谷氨酰胺似乎是合成 AFB1 最高产量的一个阈值。此外，研究发现 Gln 的浓度不仅对黄曲霉的毒素合成有影响，而且对其生长情况也有一定影响。当谷氨酰胺浓度在 1～3mmol/L 时，黄曲霉生长较差，表现出营养缺乏的表型；当谷氨酰胺浓度在 4～6mmol/L 时，生长表现出类似煎蛋样的表型，菌丝呈现棉絮状。这些结果说明了 4mmol/L 的谷氨酰胺可能是黄曲霉生长和毒素产量的一个阈值。

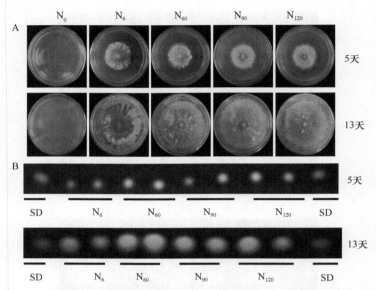

图 4-3　不同浓度的谷氨酰胺对黄曲霉毒素合成的影响（彩图请见二维码）

SD 为 AFB1 标准品；N_0、N_6、N_{60}、N_{90}、N_{120} 分别表示谷氨酰胺的添加量为

0mmol/L、6mmol/L、60mmol/L、90mmol/L、120mmol/L

4.2.3　NMR 抑制剂对黄曲霉生长和毒素合成的影响

氮源物质对于维持个体的生长是必不可少的，微生物可以利用多种多样的氮源物质，并且当环境中同时存在很多种氮源物质时，铵盐和谷氨酰胺容易被优先利用，这个过程就是人们所熟知的在转录水平上被精致调控的氮源代谢抑制（nitrogen metabolite repression，NMR）。在构巢曲霉中，NMR 主要是通过 GATA 家族的转录因子 AreA 发挥作用。当环境中存在铵盐或者谷氨酰胺时，氮源代谢的负调控子 NmrA 与 AreA 互作，使 AreA 失活，从而阻止其他氮源代谢利用基因的表达，以确保优势氮源铵盐或者谷氨酰胺被优先利用；而当环境中不存在铵盐或者谷氨酰胺时，NmrA 从与 AreA 形成的复合体中解离下来，AreA 活化并激活环境中其他氮源基因的表达。此外在寄生曲霉中，培养基中氮源的品质和数量对于 AFs 的形成有重大的影响。培养基中若含有天冬氨酸、天冬酰胺、丙氨酸、硝酸铵、亚硝酸铵、硫酸铵、谷氨酸、

谷氨酰胺和脯氨酸等氮源时可以促进毒素的形成，而培养基中若含有硝酸钠和亚硝酸钠时则抑制毒素的形成。氮源除了影响毒素的合成外，也有人提出在植物病原菌中氮源物质可能作为一个代谢开关，调控与侵染相关基因的表达。

目前已知的参与真菌氮源代谢介导的次级代谢物质合成的转录调控因子包括 TOR（target of rapamycin，雷帕霉素靶标）蛋白激酶、GATA 类型的转录因子 AreA 和 AreB、氮源调控抑制子 NmrA、bZIP 转录因子 MeaB、谷氨酰胺合成酶 GS、铵盐通透酶 MepB（在黄曲霉中的同源物为 MepA）和天鹅绒蛋白 Velf/VeA 等。其中 TOR 是在所有真核生物中都进化保守的蛋白激酶，被认为是一个响应营养和控制生长的中心调控因子，氮源物质在 TOR 信号途径中是很重要的效应因子，并且研究表明营养成分可能会通过雷帕霉素靶标（TOR）信号途径调控真菌次生代谢物质。在酿酒酵母中，雷帕霉素可以抑制 TOR 的活性，从而引起细胞周期停滞和营养胁迫响应现象。此外，氮源缺乏和雷帕霉素处理都可以引起全局调控因子 Gln3（在丝状真菌中的同源物为 AreA）的去磷酸化和定位在细胞核内，丝状真菌中也有类似的现象。除此之外，谷氨酰胺合成酶抑制剂甲硫氨酸亚氨基代砜（methionine sulfoximine，MSX）使细胞内谷氨酰胺耗尽也可以引起 Gln 累积在细胞核内的现象，揭示了 TOR 可以对谷氨酰胺的水平做出响应。然而，对于 TOR 信号级联途径如何识别氮源信号以及如何将这些信号转换给转录因子以引起响应的调节机制的了解仍然是很少的，因此需要开展更多的研究工作去发现其中的分子机制。

我们使用 TOR 的抑制剂雷帕霉素进行了实验（图 4-4），研究发现雷帕霉素显著地抑制了黄曲霉的生长、产孢和毒素产量，并且发现虽然 NaNO₃ 和雷帕霉素都可以抑制黄曲霉毒素的合成，但是它们对孢子的影响却是不一样的，NaNO₃ 并不影响孢子的形成，而雷帕霉素却明显地抑制孢子的形成。在 MSX 的实验中，我们发现 MSX 对黄曲霉毒素产量没有太大的影响，但是对黄曲霉分生孢子的产生有一定的影响，尤其是在加入了$(NH_4)_2SO_4$的培养基上，黄曲霉生成白色菌丝，分生孢子产量极低。

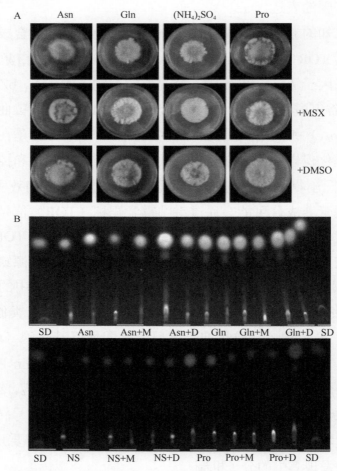

图 4-4　雷帕霉素处理对黄曲霉生长、产孢和毒素合成的影响（彩图请见二维码）

SD. AFB1 标准品；M. MSX；D. DMSO

4.2.4　雷帕霉素对黄曲霉毒素合成基因的影响

我们分析了在 $NaNO_3$、Gln 和 Gln+雷帕霉素（Rapa）这 3 种培养条件下，黄曲霉毒素合成基因簇上的基因表达情况（图 4-5）。研究发

现 *aflD*、*aflL*、*aflM*、*aflV* 和 *aflW* 等基因的表达在黄曲霉毒素的生物合成中起关键作用，它们编码的蛋白质（酶）表达量的高低直接影响黄曲霉毒素的产量。同时，一些脱氢酶（aflH 和 aflE）、氧化酶（aflX、aflL 和 aflV）、环化酶（aflA、aflB 和 aflC）、甲基转移酶（aflO 和 aflP）以及氧化还原酶（aflQ 和 aflI）等在黄曲霉毒素的生物合成中起重要作用，它们的活性大小直接影响黄曲霉毒素的产率。重要的是我们发现这些基因在 3 种培养条件下差异表达，并且在含 Gln 的察氏培养基中表达水平比较高。

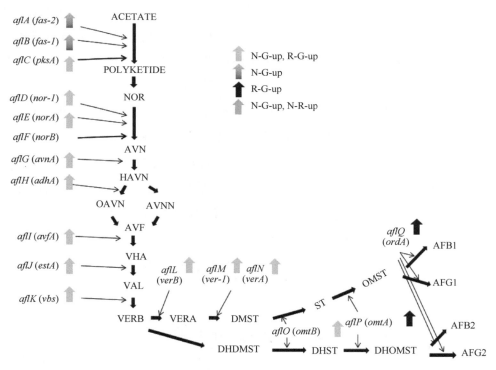

图 4-5　通过 KEGG 分析富集到黄曲霉毒素合成基因上面的 DEGs

随后对该培养条件下的黄曲霉进行了转录组测序，发现对黄曲霉毒素合成调控相关的 *aflS* 基因，在 Gln 和 Rapa 中的表达量相对 NaNO₃ 是上调的，暗示了 Gln 代谢途径和 TOR 信号途径对黄曲霉毒素的合成有一定的调控作用。而且实时荧光定量 PCR 实验也表明，*aflO* 和 *aflQ* 这两个毒素合成相关基因在 Gln 培养基上的表达量增加。在 NaNO₃ 的培养条件下，*niiA* 和 *niaD* 基因的表达水平明显高于在 Gln 和 Rapa 培养条件下，这与培养基中硝酸盐的利用相关。

一直以来，在构巢曲霉中 NmrA 蛋白被认为是调控非优势氮源物质利用的转录因子 AreA 的抑制子，bZIP 蛋白 MeaB 被认为可以活化 NmrA，并且 NmrA、Are 和 MeaB 这 3 个蛋白质在丝状真菌中是保守的。在我们的研究中，NmrA 在曲霉中的保守性也被证实，研究发现氮源代谢调控抑制子 NmrA 在曲霉中的氨基酸序列是高度保守的，并且具有经典的 Rossmann 折叠结构域。因为在曲霉中有关 NmrA 的研究比较少，并且 NmrA 的相对保守性引起了我们的兴趣。

在我们的研究中，黄曲霉中的氮源调控抑制子基因 *nmrA* 被鉴定，并且通过基因敲除的方法研究了 *nmrA* 在黄曲霉中的各个功能，实验结果展示了在黄曲霉中 *nmrA* 基因在氮源代谢和利用、分生孢子和菌核的形成、黄曲霉毒素的合成、毒力侵染和致病性、胁迫响应以及与其他氮源代谢调控和代谢基因的互作关系等方面发挥重要的作用（详细结果见第 6 章）。我们的结果为深入研究黄曲霉中氮源调控抑制子 NmrA 在氮源调控和黄曲霉毒素合成等方面拓宽了认知，也为深入理解黄曲霉中氮源代谢在黄曲霉毒素合成中的调控作用提供了重要的信息。

4.3　碳源的影响

对于微生物而言，碳源物质就是能被微生物利用，构成微生物代谢产物碳素来源的物质。在微生物细胞内，经过一系列的生物、化学、物理反应，碳源物质被用于合成各种代谢产物。在自然环境中，微生物有着极为广泛的碳素化合物来源，根据碳素化合物来源的不同，可以将碳源物质分为两类：有机碳源物质和无机碳源物质。对于微生物而言，绝大多数微生物都能利用的碳源是糖类，尤其是葡萄糖和果糖2 种单糖，以及蔗糖、麦芽糖和乳糖 3 种双糖。其中，葡萄糖是优势碳源，蔗糖是中等优势碳源，麦芽糖是劣势碳源，而因糖类化合物的分子结构不同，对黄曲霉的影响也有所不同。D-葡萄糖、D-甘露糖、D-木糖都能引发孢子萌发和随后的生长；D-塔格糖、D-来苏糖、2-脱氧-D-葡萄糖只能引发孢子萌发，不能促进随后的生长。在微生物的生活过程中，部分碳源物质不仅能为其提供生存所必需的碳素，还能提供生存所需的能量，所以这部分碳源物质既是碳源物质，又是能源物质。

4.3.1　碳源代谢抑制途径

与其他大多数微生物一样，丝状真菌为了适应千变万化的环境，进化出了一系列的代谢调控机制，其中一种机制就是为了适应环境中的碳源变化。因为只有稳定的碳源代谢，微生物才能调节各种酶的生物合成，以及对优势碳源的合理利用，促进微生物的生长，这种调节碳源变化的机制后来被称为碳源代谢抑制途径（carbon catabolite repression，CCR）。CCR 是广泛存在于微生物中的一种全局调控机制。在多种碳源存在下，该机制能够通过抑制编码合成利用非优势碳源的酶的相关基因，来确保葡萄糖等优势碳源的优先利用。CCR 在构巢曲霉和酿酒酵母中等已有所研究，而在黄曲霉中还不清楚。碳源作为黄曲霉新陈代谢的主要底物之一，对黄曲霉生长和次级代谢同样起着重要作用。许多丝状真菌已经进化出一种主要是腐生的生活方式，这种生活方式能够确保其在与其他微生物竞争有限资源中成功胜出。出于此目的，该机制能够迅速适应变化的营养环境，确保营养价值高于其他碳源的优先被同化。而在除 D-葡萄糖存在外还有其他高浓度限制生长的营养底物存在时，能够触发 CCR 反应，但在真菌中的触发机制还不是很清楚。

4.3.2　碳源代谢相关基因的功能

近几十年的研究发现,有 4 个基因参与了 CCR,分别是 *creA*、*creB*、*creC* 和 *creD*。这些基因协同合作,共同调节 CCR,其中 *creA* 是主要的转录调节基因。在构巢曲霉中,*creA* 能够识别并结合在相关基因启动子区域内的共有序列 5′-SYGGRG-3′。*creB* 是在扫描影响碳源代谢抑制的突变中被发现的,CreB 蛋白是一种泛素加工蛋白酶(ubiquitin-processing proteases, ubps)以及泛素 C 端水解酶(ubiquitin carboxy-terminal hydrolases, uchs)。该蛋白质是一种半胱氨酸蛋白酶,能够特异性裂解泛素化的蛋白质底物,除去泛素化蛋白。*creC* 编码含有一种脯氨酸富集区的蛋白质,该富集区是一种核定位区,有 5 个 WD40 重复。在体内,CreC 蛋白能与 CreB 蛋白结合成一种复合物,共同调节 CreA 蛋白水平。研究发现,*creB* 和 *creC* 突变菌的表型相似,过表达 *creB* 能够修复 *creC* 缺失引起的功能丧失,但是反之则不行。在构巢曲霉中,CreA 位于细胞核中,而且它的细胞定位不受 *creB* 或者 *creD* 缺失的影响。但是 *creB* 在细胞内的水平受到 *creD* 的影响。CreB 和 CreC 都位于细胞质中,而 CreD 可能参与 CCR 的泛素化过程,且在整个细胞中以点状形式存在。在构巢曲霉中,CCR 是被转录因子 Cre1 所调控的。Cre1 是 C_2H_2 型 DNA 结合蛋白,是一种 DNA 结合转录阻遏物。在丝状真菌 CCR 中,研究最详细的转录因子是 CreA/CRE1。CreA 能通过共同基序 5′-SYGGRG-3′结合到目的基因的启动子上,是一种 DNA 结合转录阻遏物。

我们通过同源重组的方法,对参与碳源代谢的主要 4 个基因 *creA*、*creB*、*creC* 和 *creD* 进行敲除,发现 Δ*creA*、Δ*creC* 和 Δ*creD* 在这些培养基上的生长情况明显弱于野生型(图 4-6),其中 Δ*creA* 生长最差,而 Δ*creB* 的生长情况则与野生型相似,并且发现敲除 *creA*、*creB*、*creC*

后，突变菌株的分生孢子产量明显降低。在黑暗条件下培养，观察黄曲霉毒素产生情况，发现在 PDA 上，ΔcreA 产毒极少，在含葡萄糖的培养基上产毒多于在含蔗糖的培养基上，而在含蔗糖的培养基上多于在含麦芽糖的培养基上。在 3 种碳源培养基上，我们发现 ΔcreD 在含麦芽糖的培养基上产毒明显多于在另外两种培养基上，而 ΔcreB 在这几种培养基上的产毒未发生太大变化，其中在 PDA 和含麦芽糖的 MM培养基上产毒相当。野生型菌株在这 4 种培养基上，产毒也未发生极大的变化，其中在含麦芽糖的培养基上产毒最多，在含蔗糖的培养基上产毒最少。

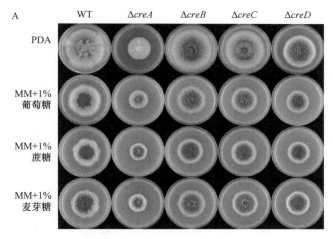

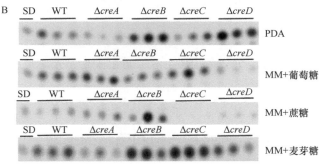

图 4-6 28℃黑暗条件下，黄曲霉突变菌株在不同培养基上
生长和合成毒素（AFB1）的情况（彩图请见二维码）

4.3.3 不同碳源对黄曲霉突变株孢子萌发的影响

在培养菌株的过程中我们发现，这些突变菌株分生孢子的萌发速度不同，其中 Δ*creB* 的分生孢子萌发速度最快（图 4-7）。研究发现在 28℃黑暗培养 12 h 后，相较于 WT，Δ*creA* 萌发的孢子明显减少，而 Δ*creB* 萌发的孢子明显多于 WT。其中在含葡萄糖和麦芽糖的培养基上 Δ*creA* 和 Δ*creB* 分生孢子萌发较快，在含乳糖的培养基上萌发较慢，通过统计也明显证实了这一点。这说明敲除 *creB* 后，减缓了抑制性碳源对孢子萌发的抑制，分生孢子的萌发速度加快，而且优势碳源葡萄糖和中等优势碳源麦芽糖能够促进孢子的萌发。

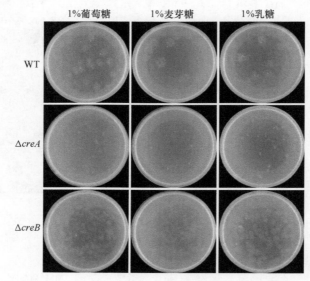

图 4-7 28℃黑暗条件下，黄曲霉突变菌株在含不同碳源培养
基上分生孢子的萌发情况（彩图请见二维码）

4.3.4 碳源代谢基因对黄曲霉产孢和菌核的影响

随后我们研究了碳源代谢基因对黄曲霉产孢和菌核的影响（图 4-8），通过实验发现，敲除 *creA* 后，黄曲霉产孢明显减少，而且分生

孢子头数量也明显减少；敲除 *creB*、*creC*、*creD* 则对黄曲霉产孢没有明显影响。敲除 *creA*、*creB*、*creC* 后，黄曲霉产菌核数量增加，其中敲除 *creA*、*creB* 产菌核数量增加非常明显，而敲除 *creD* 后，黄曲霉产菌核数量明显减少，这说明该 4 个基因都与黄曲霉菌核产生有一定的关系。

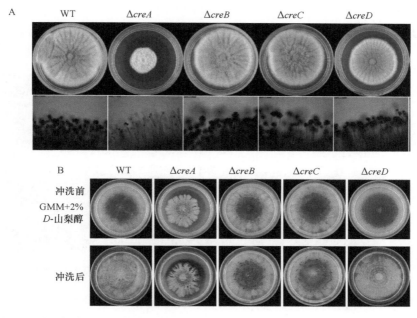

图 4-8　碳源代谢基因对黄曲霉产孢（A）和菌核（B）的影响（彩图请见二维码）

4.3.5　碳源代谢调控因子 *creA* 对黄曲霉生长和产酶的影响

对碳源代谢抑制途径的调控因子 *creA* 进一步进行研究发现，敲除株 Δ*creA* 在 PDA 上菌落直径最大，其次是葡萄糖，然后是蔗糖；而在含麦芽糖的培养基上，突变菌菌落直径与葡萄糖上相当。过表达菌株 *OE∷creA* 同样在 PDA 上菌落直径最大，其次是在葡萄糖、麦芽糖，最后在蔗糖上生长最差。同时还对 4 天内的生长率进行了统计，发现在 PDA 固体培养基上，Δ*creA* 突变菌株的生长率明显低于野生型，该情况同样出现在含麦芽糖的培养基上。在含麦芽糖的 MM 培养基上，敲除菌株生长率明显低于野生型；而在含葡萄糖和蔗糖的 MM 培养基上，突变株与野生型生长率差距不明显。

对突变菌株的菌丝尖端进行观察发现（图 4-9），ΔcreA 菌丝尖端产生更多的分叉；OE∷creA 菌丝尖端的分叉减少。对菌丝内隔膜的实验发现，ΔcreA 菌丝内产生的隔膜明显减少；OE∷creA 菌丝内的隔膜明显增多，这说明 creA 基因对菌株的隔膜有影响。

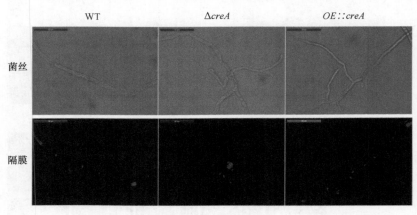

图 4-9　creA 对黄曲霉菌丝和隔膜的影响（bar=50μm）（彩图请见二维码）

目前，工业上已通过生物工程技术，敲除构巢曲霉的 cre1（creA 的同源基因），使构巢曲霉产生更多的 α-淀粉酶。因此我们也对突变菌株进行了 α-淀粉酶实验（图 4-10），发现在含有 0.5%淀粉的 MM 培养基上，WT、ΔcreA 和 OE∷creA 菌落边缘都有透明圈，这说明这 3 种菌都能产生 α-淀粉酶，且 ΔcreA 和 OE∷creA 的 α-淀粉酶产量明显高于 WT，其中 ΔcreA 产酶最多。当加入其他 3 种碳源后，WT 和 OE∷creA 产 α-淀粉酶受到抑制，未发现透明圈；对于 ΔcreA，本实验发现在这 3 种条件下，ΔcreA 受到的抑制不明显，透明圈大小变化不大。在 3 种不同碳源存在下产 α-淀粉酶的情况是：ΔcreA 在 0.5%淀粉和 0.5%淀粉+2%麦芽糖的 MM 培养基上产 α-淀粉酶多于在 0.5%淀粉

+2%葡萄糖和在 0.5%淀粉+2%蔗糖 MM 培养基上，而在 0.5%淀粉+2%葡萄糖的 MM 培养基上，ΔcreA 产 α-淀粉酶又多于在 0.5%淀粉+2%蔗糖的 MM 培养基上。

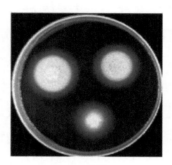

0.5%淀粉

图 4-10　淀粉对 α-淀粉酶产量的影响（彩图请见二维码）
图中左、右、下的菌斑分别表示 WT、*OE∷creA* 和 ΔcreA

4.3.6　碳源代谢调控因子 *creA* 对黄曲霉致病力的影响

在自然环境中，黄曲霉之所以对我们危害重大，在于其能侵染粮食作物，如花生、玉米等，而且在侵染的过程中，能够产生黄曲霉毒素，因此我们通过敲除 *creA* 来研究该基因对黄曲霉致病力的影响。在玉米侵染实验中，敲除 *creA* 后，玉米表面菌丝生长减少（图 4-11），产孢明显减少；而过表达 *creA* 后，玉米表面菌丝生长增多，产孢明显增多。提取黄曲霉毒素，进行薄层层析发现，敲除 *creA* 后，基本不产或者产极少量黄曲霉毒素，而过表达 *creA* 后，黄曲霉毒素明显增多。这说明敲除 *creA* 后，黄曲霉对玉米的致病力明显降低。

对照　　　　　　WT　　　　　　ΔcreA　　　　　*OE∷creA*

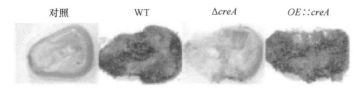

图 4-11　*creA* 突变菌对玉米和花生的致病性（彩图请见二维码）

在花生侵染实验中，敲除 *creA* 后，花生表面菌丝生长减少，产孢明显减少；而过表达 *creA* 后，花生表面菌丝生长增多，产孢有所增多，但不明显。提取黄曲霉毒素，进行薄层层析发现，敲除 *creA* 后，基本不产或者产极少量黄曲霉毒素，而过表达 *creA* 后，黄曲霉毒素明显增多。这说明敲除 *creA* 后，黄曲霉对花生的致病力明显降低。

对于微生物来说，有效的生长是通过一系列的调控网络的相互作用实现的，这些调控网络包括对碳源和氮源的代谢、钠离子、pH 平衡以及盐耐受等。这些机制能够保证微生物有效地利用各种营养物质，并且促进微生物快速生长，其中与碳源有关的调控网络是碳源代谢抑制（CCR），与氮源有关的调控网络是氮源代谢抑制（NMR）。这些调控网络不是相互独立的，而是相互作用的，CCR 的一些转录作用就是通过对转运子的调控和氮源底物的利用实现的。此外，谷氨酰胺很可能是在 NMR 过程中发挥关键作用的效应因子，并且研究表明 NMR 过程主要是涉及氮源代谢调控抑制子 NmrA/Nmr1 和活化蛋白 AreA 的参与。

对黄曲霉营养元素的研究能够为黄曲霉防治以及黄曲霉毒素污染的治理奠定理论基础，其中，研究黄曲霉对氮源和碳源物质的利用尤为重要，因为氮源构成了微生物的蛋白质、核酸及其他氮素化合物，是微生物重要的营养物质；而碳源构成了微生物的基本骨架，同时也可以作为能源物质，为微生物的生长发育和生命活动提供能量和营养物质。对黄曲霉氮源和碳源的研究，能够为我们人为控制环境中氮源和碳源的含量、预防黄曲霉以及黄曲霉毒素污染提供新思路。

第5章　翻译后修饰对黄曲霉生长和产毒的影响

蛋白质的翻译后修饰（post-translational modification，PTM）是指在蛋白质合成时或合成后所发生的化学修饰。需翻译后修饰的蛋白前体一般是没有活性的，常常要进行一系列的翻译后加工，才能成为具有功能的成熟蛋白。PTM 一般发生在氨基酸的侧链或是发生在蛋白质的 C 端或是 N 端。PTM 是扩展基因密码和调节细胞生理功能的最有效的生物机制之一，它可以通过添加新的功能基团来拓展 20 种基本氨基酸的化学性质。经翻译后修饰的蛋白质，其他的生物化学官能团（如乙酸盐、磷酸盐、不同的脂类及碳水化合物）会附在蛋白质上从而改变蛋白质的化学性质，或是引发结构的改变（如建立双硫键）来扩展蛋白质的功能。

常见的蛋白质翻译后修饰包括甲基化、乙酰化、磷酸化、琥珀酰化、SUMO 化等，甲基化修饰主要多见于组蛋白修饰，乙酰化修饰在组蛋白以及其他蛋白质中均有检测到，磷酸化主要是作用在一些酶上使没有活性的蛋白质成熟，琥珀酰化修饰是琥珀酰基团共价结合到赖氨酸残基的过程，SUMO（small ubiquitin-related modifer）化修饰是通过一种类泛素蛋白与底物蛋白共价连接来调节靶蛋白的定位以及靶蛋白与其他生物大分子的相互作用。蛋白质的翻译后修饰是一种重要的机制，扩展了基因遗传的内容。对蛋白质翻译后修饰的研究，特别是组蛋白修饰的研究，推动了表观遗传学的飞速发展。在黄曲霉的功能蛋白的研究中，我们也发现和鉴定了很多蛋白修饰位点，其对黄曲霉的生长和产毒影响巨大。

5.1 甲基化修饰

甲基化修饰主要常见于 DNA 甲基化，是在不改变 DNA 序列的前提下，改变遗传方式，是表观遗传学研究的内容之一。作为一种主要的翻译后修饰，组蛋白甲基化主要发生在组蛋白 H3 和 H4 的赖氨酸和精氨酸上，组蛋白甲基化主要由组蛋白甲基转移酶催化而成，不同位点甲基化的生物学功能不同。组蛋白甲基化主要作用是参与转录调控，直接影响某些基因的激活或沉默。本课题组对黄曲霉中甲基化的研究已有初步进展，下面主要介绍几种甲基化酶对黄曲霉生长和产毒的影响。

5.1.1 DNA 甲基化抑制剂

DNA 甲基化在许多生物过程中发挥着重要作用，包括基因转录调节、转座元件沉默、基因组印迹、X 染色体失活、发育调控等。黄曲霉的基因组大小约 37Mb，编码 13 000 多个基因，其中约 30%的基因能发生甲基化修饰。5-氮杂胞苷是一种已知的 DNA 甲基化抑制剂，且能阻断黄曲霉毒素的形成，我们用不同浓度的 5-氮杂胞苷对黄曲霉菌株进行处理，发现在加入 5-氮杂胞苷后黄曲霉的分生孢子形成量显著下降，毒素合成水平也显著下降，几乎不产生黄曲霉毒素（图 5-1）。最后，用 HPLC 法检测黄曲霉添加 5-氮杂胞苷后的 DNA 甲基化水平，发现黄曲霉的 DNA 甲基化主要发生在胞嘧啶上形成 5-甲基胞嘧啶。另外，我们检测了 5-氮杂胞苷对黄曲霉的细胞内活性氧（ROS）水平的影响，发现加有 5-氮杂胞苷抑制剂的黄曲霉细胞内活性氧积累明显较高。以上这些结果充分说明了甲基化参与了黄曲霉的生长发育和毒素合成的调控。

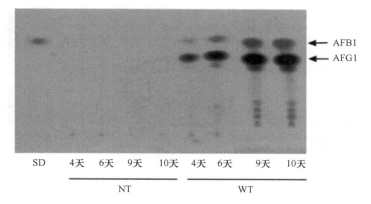

图 5-1　5-氮杂胞苷对黄曲霉毒素产生的影响

NT 表示 5-氮杂胞苷处理的黄曲霉菌株；WT 表示未经 5-氮杂胞苷处理的对照黄曲霉菌株；

SD 表示 AFB1 标准品

5.1.2　DNA 甲基转移酶

DNA 甲基化主要由 DNA 甲基转移酶催化，DmtA 在黄曲霉中是一种重要的 DNA 甲基转移酶。我们在黄曲霉中敲除 *dmtA* 基因后，在光照下 37℃培养，发现黄曲霉的分生孢子梗减少。在黑暗下 29℃培养 6 天，用 TLC 检测黄曲霉毒素的水平，结果发现黄曲霉毒素 AFB1 显著下降（图 5-2）。用 HPLC 法检测 *dmtA* 基因敲除后黄曲霉基因组的甲基化分布，发现整体 DNA 甲基化有所降低。作为一种重要的表观遗传修饰，DNA 甲基化和组蛋白甲基化密切相关。据文献报道，在构巢曲霉中，DNA 甲基化与组蛋白 H3K9 的甲基化状态密切相关，参与转录调控；另外，在其他曲霉中，DNA 甲基化参与次级代谢调节，如曲霉中次级代谢全局调控因子 LaeA 就是一个甲基转移酶。

5.1.3　组蛋白甲基转移酶

组蛋白甲基化是指由组蛋白甲基转移酶介导催化，发生在组蛋白（主要是 H3 和 H4）的 N 端精氨酸或赖氨酸残基上的甲基化。近几年，由于组蛋白甲基化抗体的发现，针对组蛋白甲基化的研究日益增多。

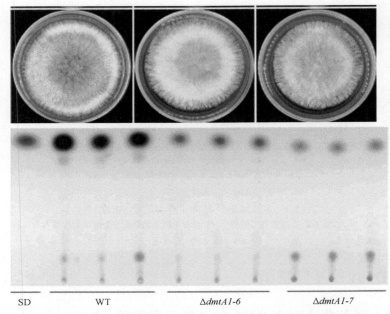

图 5-2　DNA 甲基转移酶 DmtA 敲除后表型及毒素（彩图请见二维码）

SD 表示 AFB1 标准品；WT 表示黄曲霉野生型菌株；Δ*dmtA1-6*、
Δ*dmtA1-7* 表示 *dmtA* 基因敲除株的两个转化子

目前发现组蛋白总共有 24 个甲基化位点，其中，17 个位于赖氨酸，其他 7 个位于精氨酸。赖氨酸可发生单甲基化、双甲基化和三甲基化，精氨酸也可以发生单甲基化或者双甲基化。这 3 种甲基化状态错综复杂，其组合的复杂多样为组蛋白甲基化发挥转录调控及相关功能提供了更大的潜能。黄曲霉中组蛋白甲基转移酶主要有 Ash1、Clr4、Bre2、Dot1、RmtA 等，催化组蛋白不同的赖氨酸和精氨酸甲基化，有的组蛋白甲基转移酶是催化多位点甲基化，有的则是特异性位点修饰，其作用机制比较复杂。

1. 组蛋白甲基转移酶 Ash1

我们通过基因敲除方法对几种组蛋白甲基转移酶进行功能研究，发现组蛋白甲基转移酶 Ash1 是一个可以修饰多个组蛋白甲基化位点的酶，在黄曲霉中，敲除 *ash1* 基因后，在 YES 培养基上培养 4 天，发现其分生孢子产量增加（图 5-3），不产菌核，黄曲霉毒素大量减少，尤其 AFB1 的产量几乎没有；检测组蛋白 H3 和 H4 的甲基化水平，发现 ash1 基因缺失后，组蛋白 H3K36 的二甲基化、H3K9 的二甲基化、H4K20 的二甲基化和三甲基化水平降低，这些组蛋白甲基化修饰状态的改变，对转录调控的影响很大，直接影响黄曲霉形态建成和次级代谢产物合成。

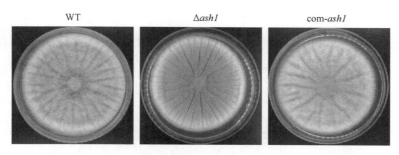

图 5-3　组蛋白甲基转移酶 ash1 基因敲除后对黄曲霉产孢的影响（彩图请见二维码）
WT 表示野生型；Δash1 表示 ash1 基因敲除株；com-ash1 表示 ash1 基因互补株

2. 组蛋白甲基转移酶 Clr4

目前曲霉中研究最多的组蛋白甲基转移酶是 Clr4，富含 Pro-SET、SET 和 Post-SET 区域，它特异性催化 H3K9 的甲基化。H3K9 的甲基化是一个负调节机制，其甲基化水平不仅影响基因转录，还参与 DNA 甲基化修饰，机制比较复杂。在我们的研究中，敲除 clr4 基因后在 YES 培养基上培养 4 天，发现黄曲霉的产孢量显著下降（图 5-4），菌核数量减少，毒素产量增多。

3. 组蛋白甲基转移酶 Dot1 和 Bre2

Dot1 是一种特殊的组蛋白甲基转移酶，不含 SET 结构域。SET 结构域是一种组蛋白甲基转移酶标志性结构域，以前文献报道 Dot1 特异性催化 H3K79 的甲基化。在黄曲霉中敲除 dot1 基因后，YES 培养基上于 29℃培养 6 天，结果发现菌落生长受抑制，孢子产量减少，

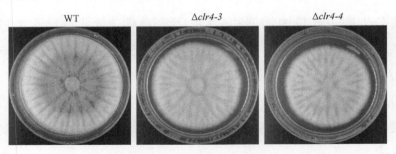

图 5-4　组蛋白甲基转移酶 Clr4 对黄曲霉产孢的影响（彩图请见二维码）

WT 表示野生型；Δ*clr4-3*、Δ*clr4-4* 表示两个 *clr4* 基因敲除株

黄曲霉毒素合成也减少（图 5-5）。我们的研究还发现，组蛋白甲基转移酶 Bre2 也不含 SET 结构域，其主要作用靶标是 H3K4 的甲基化，但对 H3K79 甲基化状态是否有影响需要进一步验证。

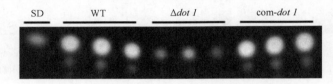

图 5-5　组蛋白甲基转移 Dot1 对黄曲霉产毒的影响

WT 表示黄曲霉野生型；Δ*dot1* 表示 *dot1* 基因敲除株；com-*dot1* 表示 *dot1* 基因互补株

4. 组蛋白精氨酸甲基转移酶 RmtA

组蛋白赖氨酸甲基化修饰位点比较多，精氨酸甲基化相对较少。组蛋白甲基转移酶 RmtA 是一个组蛋白精氨酸甲基转移酶，目前在黄曲霉中已有研究，但是对其催化的组蛋白精氨酸位点还没有确定。在敲除 *rmtA* 基因后，黄曲霉的生长没有受到明显的影响，但是其分生孢子产量增多，菌核数量减少，黄曲霉毒素在培养基上减少；敲除 *rmtA* 基因后黄曲霉对细胞膜抑制剂不敏感。这些结果说明组蛋白精氨酸的甲基化对转录调控起重要作用。

5. 组蛋白去甲基化酶 Aof2

随着对基因认识的深入以及二代测序技术的快速发展，我们发现组蛋白甲基化是一个可逆的过程,在很多物种中都发现了组蛋白去甲基化酶。在黄曲霉中,我们也发现了几种重要的组蛋白去甲基化酶,其中一个重要的组蛋白去甲基化酶是 Aof2,此酶含有 HMG-box、SWIRM、Winged HTH DNA-binding、FAD/NAD（P）-binding 等结构域。与组蛋白甲基转移酶不同的是,组蛋白去甲基化酶 Aof2 不仅参与组蛋白的甲基化,它还涉及蛋白质互作、结合 DNA、氧化胁迫等细胞过程,影响转录、DNA 复制、细胞损伤修复等,是一个极其重要的酶。我们应用基因敲除的方法,研究 Aof2 的主要功能。研究中发现,敲除 aof2 基因,黄曲霉的分生孢子增加,菌核形成能力减弱（图 5-6）,毒素合成也有略微下调,对过氧化氢胁迫也不敏感。试验结果验证了基因注释的部分功能,但其完整的生物学功能还需要进一步深入研究,并需结合组蛋白甲基转移酶,才能揭示组蛋白甲基化的整体遗传效应。

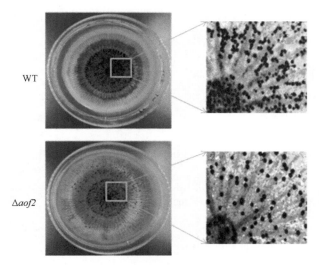

图 5-6　组蛋白去甲基化酶 Aof2 对黄曲霉菌核形成的影响（彩图请见二维码）

WT 表示黄曲霉野生型；Δaof2 表示 aof2 基因敲除株

5.2　乙酰化修饰

乙酰化修饰是在 50 多年前第一次被鉴定到,它的研究一开始主要集中在影响组蛋白的功能上，随着研究的深入，越来越多的报道表明乙酰化修饰参与到真核生物和原核生物的各个方面，而不仅仅是调节组蛋白的功能。例如，肿瘤抑制因子 p53 的乙酰化修饰对于其功能的发挥起到重要作用，细胞核因子 kappa B（NF-κB）的持续性发挥功能也是由乙酰化修饰调节的，很多代谢相关的酶都具有乙酰化修饰，从而对代谢发挥重要而且精准的调控功能。

5.2.1 黄曲霉乙酰化修饰组学

基于高通量质谱技术的发展，对乙酰化修饰的研究也开始转向大范围的乙酰化蛋白组的研究。目前，研究已经报道了多个物种的蛋白质组学研究，包括蓝藻、酵母、大肠杆菌、结核结合分枝杆菌、拟南芥、刚地弓形虫、解淀粉欧文氏菌、果蝇、枯草芽孢杆菌等。蛋白质组学的研究技术相当成熟，图 5-7 是研究黄曲霉蛋白质组学的流程图。

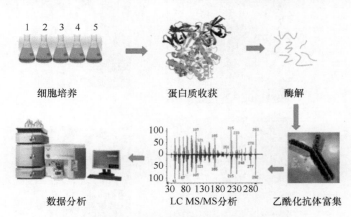

图 5-7　乙酰化蛋白组的鉴定流程图

通过高通量的质谱分析，我们在黄曲霉中共鉴定到 1293 个乙酰化肽段，包含 1313 个高置信度的乙酰化位点，这些肽段分属于 727 个乙酰化蛋白。在鉴定到的 727 个乙酰化蛋白中，通过生物过程的分类，共有 581 个蛋白被注释到。采用细胞组分类方法，共有 616 个乙酰化蛋白被注释到。研究结果还显示，581 个乙酰化蛋白广泛地分布在许多生物过程中，有 515 个蛋白涉及代谢过程、367 个蛋白涉及细胞过程、129 个蛋白涉及单一过程、96 个蛋白涉及生物调节、93 个蛋白涉及细胞组分组织或起源、74 个蛋白涉及定位、74 个蛋白涉及响应刺激、39 个蛋白涉及发育过程、29 个蛋白涉及再生、17 个蛋白涉及信号、12 个蛋白涉及生长、10 个蛋白涉及多细胞组织过程、7 个蛋白涉及多组织过程。而对于分子功能的分类，有 444 个乙酰化蛋白涉及催化活性、362 个蛋白涉及结合、60 个蛋白涉及结构分子活性、34 个蛋白涉及运输、18 个蛋白涉及电子携带物活性、9 个蛋白涉及抗氧化活性、9 个蛋白涉及酶调节物活性、3 个蛋白涉及分子传感活性、3 个蛋白涉及核酸结合转录因子的活性和 1 个蛋白涉及蛋白标签的活性。本研究结果充分说明，乙酰化修饰是参与黄曲霉物质代谢过程中的一种重要的翻译后修饰。我们进一步研究了乙酰化修饰对黄曲霉生长发育和产毒的影响，下面是几个主要的乙酰化修饰蛋白对黄曲霉产毒和生长的影响。

5.2.2　赖氨酸乙酰化修饰蛋白 AflK

aflK 基因是黄曲霉产毒基因簇中的一个重要结构基因，其蛋白质在乙酰化组研究中被鉴定到。该蛋白质在寄生曲霉中的同源蛋白为黄曲霉毒素生物合成路径中的酶。本研究构建了 *aflK* 敲除株和互补株，比较了它们与野生型菌株的表型差异，发现 *aflK* 的敲除导致黄曲霉在人工合成培养基上的菌核形成能力下降、黄曲霉毒素的产量减少（图 5-8）。

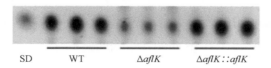

SD　　　WT　　　Δ*aflK*　　　Δ*aflK*∷*aflK*

图 5-8　乙酰化修饰基因 *aflK* 对产毒素的影响

SD 表示黄曲霉毒素 B1 标准品；WT 表示野生型黄曲霉；Δ*aflK* 表示 *aflK* 基因敲除株；
Δ*aflK*∷*aflK* 表示互补株

另外，*aflO* 基因是产毒基因簇中下游的一个结构基因，*aflO* 基因本身是一个甲基转移酶，在产毒基因簇中发挥重要作用，在质谱鉴定中发现其翻译后赖氨酸位点发生乙酰化修饰。研究发现敲除 *aflO* 基因后黄曲霉产孢减少，菌核形成能力弱，生长也受到了一定抑制，不产毒素（图 5-9）。以上结果表明 AflO 在黄曲霉菌核形成和黄曲霉毒素的生物合成过程中发挥重要作用。综合以上研究结果，我们推测乙酰化修饰在其中发挥着重要作用。

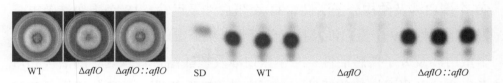

WT   Δ*aflO*   Δ*aflO*∷*aflO*   SD   WT   Δ*aflO*   Δ*aflO*∷*aflO*

图 5-9   乙酰化修饰基因 *aflO* 对黄曲霉形态和产毒的影响

SD 表示黄曲霉毒素 B1 标品；WT 表示野生型黄曲霉；Δ*aflO* 表示 *aflO* 基因敲除株；Δ*aflO*∷*aflO* 表示
互补株；图左表示野生型、敲除株、互补株的生长，图右为 TLC 分析不同菌株的产毒情况

5.2.3   组蛋白的乙酰化修饰

组蛋白乙酰化是最早被发现的翻译后修饰类型，也是目前研究得最深入的与转录有关的组蛋白修饰方式。依靠组蛋白乙酰转移酶（HAT）和组蛋白去乙酰化酶（HDAC）维持乙酰化的平衡，组蛋白尾部赖氨酸残基被乙酰化能够使组蛋白携带的正电荷量减少，降低其与带负电荷 DNA 链的亲和性，促使参与转录调控的各种蛋白因子与DNA 结合。在黄曲霉中，组蛋白乙酰化水平降低对其次级代谢产物的合成水平造成很大影响。我们敲除经典的组蛋白乙酰转移酶 GCN5 后，黄曲霉组蛋白的整体乙酰化水平降低，并且抑制了黄曲霉毒素的产生。组蛋白乙酰化水平的改变除了调控次级代谢产物以外，还对黄曲霉的形态产生显著的影响，在黄曲霉中，组蛋白 H3 乙酰化水平的降低，导致其菌落生长减慢，不产分生孢子，不产菌核，同时黄曲霉毒素合成减少。

5.2.4　组蛋白去乙酰化修饰

　　组蛋白去乙酰化酶可以使组蛋白乙酰化修饰减弱，从而调控某些基因的转录。在黄曲霉中敲除组蛋白去乙酰化酶 HosA 后，Western-blotting 实验发现组蛋白乙酰化水平增强，进一步验证其主要是增强 H4K16 的乙酰化（图 5-10）。敲除突变株 Δ*hosA* 菌株的产孢减少，生长受到显著抑制，毒素合成水平降低；这和我们用经典去乙酰化转移酶抑制剂曲古菌素抑制野生型黄曲霉的结果吻合。黄曲霉乙酰化修饰是一个重要的表观遗传标志，研究其作用机制以及其作用的靶向基因对进一步揭示表观遗传学以及治理黄曲霉污染有非常重要的意义。

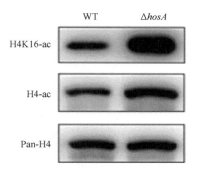

图 5-10　Western-blotting 分析 HosA 蛋白对组蛋白去乙酰化的作用

WT 表示黄曲霉野生型菌株；Δ*hosA* 表示 *hosA* 基因敲除株；H4K16-ac 表示组蛋白 H4K16 的乙酰化修饰；
H4-ac 表示组蛋白 H4 的泛乙酰化修饰；Pan-H4 表示组蛋白 H4 内参

5.3　磷酸化修饰

　　可逆的蛋白质磷酸化修饰可以调控广泛的生物功能，磷酸化修饰相关蛋白具有十分重要的生物学活性。对磷酸化位点的鉴定是分析磷酸化生物学功能的重要一步。然而，对发生在体内磷酸化修饰蛋白的个别磷酸化位点的直接鉴定非常困难，这要求在进行分析前对感兴趣的磷酸化蛋白进行单一性的纯化。目前开始应用蛋白质组学的方法研究全蛋白的磷酸化修饰，对于揭示磷酸化的生物学功能有着重要的帮助。

5.3.1 黄曲霉磷酸化组学

为了有效地对磷酸化蛋白组学分析，富集样品中的感兴趣的组分就变得十分重要。从酶解后的肽段混合物中有选择性地分离磷酸化肽段包括六大步：氨基端保护、缩合反应、磷酸反应、缩合反应、固相捕捉和磷酸化肽段的再生（图 5-11）。在丝氨酸、苏氨酸、酪氨酸上

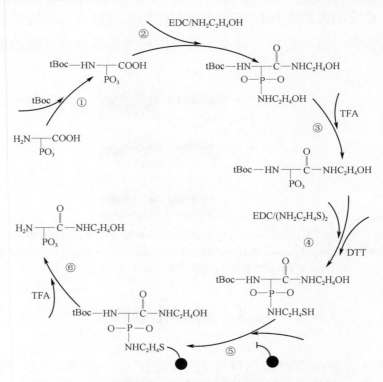

图 5-11 有选择性分离富集磷酸化肽段的化学原理示意图

①肽段的氨基基团使用 *t*-丁基-碳酸氢钠进行保护，消除分子间和分子外的缩合作用；②氨基腈催化肽段和过量的胺之间的缩合反应，分别形成胺和磷酸酯键；③自由的磷酸基团由氨基磷酸酯键的简单的酸水解再生出来；④一个氨基腈催化的缩合反应将胱氨酸和再生出来的磷酸基团连在一起；⑤重新获得的磷酸化肽段通过肽段中自由的硫基和玻璃珠上固定的碘乙酸发生反应而结合在反相柱上；⑥严格的清洗树脂，磷酸化肽段通过使用三氟乙酸造成氨基磷酸酯键断裂而形成

可逆的蛋白质磷酸化是细胞中最广泛存在的一类翻译后修饰，调节重要的细胞功能，包括信号传导、细胞增殖分化等。事实上，几乎所有的细胞信号过程都依靠蛋白质的磷酸化和去磷酸化。磷酸化由特定的蛋白激酶和磷酸酶所调控。

本实验室对黄曲霉进行了比较全面的磷酸化位点特异性蛋白组分析，通过 TiO_2 的富集和 LC-MS/MS 的分离鉴定，共有 283 个磷酸化蛋白被鉴定到，其中包含 598 个高置信度的磷酸化位点和 544 个磷酸化肽段。经过质谱数据和生物信息学分析，这些鉴定到的磷酸化蛋白涉及很多生物学过程，如信号传导、次级代谢等。根据黄曲霉的基因组测序结果显示，黄曲霉的基因组中至少有 119 个激酶和 54 个磷酸酶表达，它们在黄曲霉中协同调节蛋白质的磷酸化水平。有文献报道，在寄生曲霉中，钙调蛋白的磷酸化水平可以调节黄曲霉毒素的产生。同时，在构巢曲霉中，调控黄曲霉毒素产生的转录调节因子 AflR 可以被蛋白激酶 A 磷酸化，但是 AflR 的活性却因为磷酸化而受到了抑制，进而负调控黄曲霉毒素的前体物质——杂色曲霉素的合成。

5.3.2　黄曲霉磷酸化蛋白 Ste11 和 Mpka

本节挑选了一个我们感兴趣的磷酸化蛋白 Ste11，进行进一步的功能研究。该蛋白质在酿酒酵母和构巢曲霉中的同源蛋白 Ste11，是丝裂原活化蛋白激酶（MAPK）路径的一种丝裂原活化蛋白激酶的激酶（MAPKKK），可以诱发中下游激酶的激酶（MAPKK）被磷酸化。首先构建了 ste11 基因的敲除株和互补株。与野生型菌株相比，ste11 基因敲除后会影响黄曲霉的生长速率、产孢、产菌核及侵染能力，尤其是严重影响黄曲霉毒素的生物合成（图 5-12）。为了进一步证明 Ste11 的功能与磷酸化修饰相关，分别构建了 Ste11 的磷酸化位点突变株 S187A 和 S187D，表型分析结果显示 S187A 与 ste11 敲除株有类似的表型。这些结果表明 Ste11 在黄曲霉的形态发生和黄曲霉毒素的生物合成过程中发挥功能（图 5-12），Ste11 第 187 位丝氨酸的磷酸化修饰与 Ste11 发挥功能密切相关。

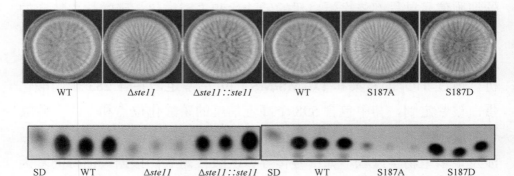

图 5-12　Ste11 磷酸化对黄曲霉形态发生和毒素合成的影响（彩图请见二维码）

WT 表示野生型；Δste11 表示 ste11 基因敲除株；Δste11∷ste11 表示互补株；S187A 表示 Ste11 蛋白 187 位的丝氨酸突变成丙氨酸；S187D 表示 Ste11 蛋白 187 位的丝氨酸突变成天冬氨酸

　　另外，在 MAPK 途径中，与细胞壁胁迫相关的关键蛋白 Mpka，其在翻译后修饰时可以发生磷酸化，我们对其磷酸化位点进行点突变，发现其无修饰时表型和 mpka 基因敲除株表型一致，当其突变为模拟磷酸化修饰时，其表型和野生型一致，这充分说明了磷酸化修饰对蛋白质功能的主要作用，黄曲霉中的磷酸化修饰很多，大多由磷酸激酶和磷酸酶相互作用形成，我们将继续研究磷酸激酶与磷酸酶的具体机制与作用靶标，为治理黄曲霉污染提供更好的参考依据。

5.4　琥珀酰化修饰

　　在赖氨酸琥珀酰化被鉴定到之后，琥珀酰化被证明在进化上是保守的，并响应不同的生理条件。这种翻译后修饰广泛地存在于真核生物和原核生物中，并和乙酰化修饰广泛地重叠在相同的赖氨酸上。研究还表明琥珀酰化修饰广泛地参与物质代谢等重要生命过程，起到重要的调控作用。但是因为被发现和研究的时间短，对琥珀酰化修饰的底物和控制琥珀酰化反应的调节酶目前还知之甚少。

5.4.1　黄曲霉琥珀酰化组学

我们先对黄曲霉的琥珀酰化蛋白组进行鉴定，以便阐明琥珀酰化对黄曲霉毒素形成的调节机制。在鉴定到的 349 个琥珀酰化蛋白中，在生物过程的分类中，共有 275 个蛋白被注释了功能；在分子功能的分类中，共有 288 个琥珀酰化蛋白被注释到功能；在细胞组分分类中，有 241 个蛋白被注释了功能。而对分子功能的分类，有 199 个琥珀酰化蛋白涉及催化活性、65 个蛋白涉及结构分子活性、55 个蛋白涉及结合、21 个蛋白涉及运输、4 个蛋白涉及分子传感活性和 3 个蛋白涉及酶调节物活性。琥珀酰化组学的结果分析表明，琥珀酰化修饰存在于黄曲霉的各个生命过程的方方面面，是一个非常重要且具有研究意义的翻译后修饰。

5.4.2　琥珀酰化修饰蛋白 AflE

选取其中一个被鉴定到有琥珀酰化修饰的蛋白 AflE 进行后续实验，AflE 在寄生曲霉中的同源蛋白是黄曲霉毒素生物合成路径中催化上游的一个脱氢酶。我们构建了 *aflE* 的敲除株和互补株，在人工合成培养基上观察表型。与野生型相比，*aflE* 敲除株的菌核减少，黄曲霉毒素的产量下降。在花生侵染实验中，*aflE* 敲除株侵染宿主的能力下降，产孢减少，所产生的黄曲霉毒素也大大减少（图 5-13）。为了进一步研究 AflE 以上的功能是否与琥珀酰化修饰相关，构建了 *aflE* 琥珀酰化位点的基因突变株 K370A 和 K370R，并观察表型变化。突变株形成的菌核数量和黄曲霉毒素的产量都比野生型少（图 5-13），与 *aflE* 敲除株的表型很类似，说明 AflE 第 370 位赖氨酸的琥珀酰化修饰对 AflE 在黄曲霉中发挥功能有重要影响。

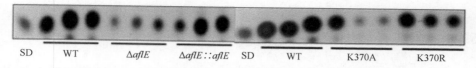

SD   WT $\Delta aflE$ $\Delta aflE::aflE$ SD   WT   K370A   K370R

图 5-13 AflE 琥珀酰化修饰对黄曲霉形态和毒素的影响

SD 表示黄曲霉毒素 B1 标准品；WT 表示野生型；$\Delta aflE$ 表示 aflE 基因敲除株；$\Delta aflE::aflE$ 表示互补株；K370A 表示 AflE 蛋白第 370 位的丝氨酸突变成丙氨酸；K370R 表示 AflE 蛋白第 370 位的赖氨酸突变成精氨酸

5.5 SUMO 化修饰

SUMO 是近年来研究比较热门的一个类泛素小分子，是泛素化修饰的一个重要组成部分，其在结构上与泛素高度相似，但是在功能上却与泛素不同。SUMO 化修饰是一种由 SUMO 特异性的活化酶（E1）、结合酶（E2）和连接酶（E3）共同催化完成的类泛素化修饰，主要通过与底物蛋白共价连接来调节靶蛋白的定位以及靶蛋白与其他生物大分子的相互作用。

在过去十年的相关报道中，SUMO 化的翻译后修饰在黄曲霉中的研究报道非常少。SUMO 化可以影响很多细胞过程，如细胞周期、基因组稳定性、DNA 损伤以及其他胁迫响应。在黄曲霉中 SUMO 化修饰的部件和其他物种的类似，SUMO 化的酶在进化上是高度保守的，黄曲霉中 SUMO 化修饰的酶 SUMO 含有 92 个氨基酸，SUMO 活化酶在黄曲霉中只有一个 AosA，含有 394 个氨基酸，SUMO 结合酶也只有一个 Ubcl，含有 157 个氨基酸，SUMO 连接酶有明确注释的有一个 SizA，由 550 个氨基酸组成，还有许多假定蛋白，黄曲霉中的 SUMO 化研究目前只是一个开端，有很多数据需要挖掘。

在黄曲霉中我们找到了 SUMO 的同源体，经 SUMO 化的抗体验证，黄曲霉中确实存在 SUMO 化修饰。对黄曲霉敲除和过表达 sumO 基因，发现其对产孢、菌核形成、各种胁迫均有响应；在敲除 sumO 基因后黄曲霉毒素大量减少，过表达 SUMO 后毒素合成水平上升（图 5-14）。SUMO 化修饰是一个极其复杂的过程，其底物复杂多变，为进一步的研究带来不少困难。但是在黄曲霉中我们已经开辟了 SUMO 的功能研究，可为以后的研究积累经验和提供参考。

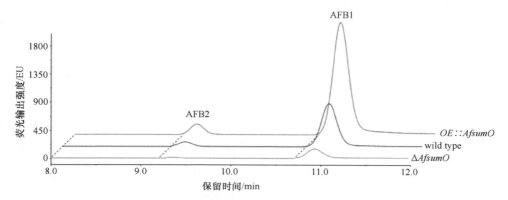

图 5-14　*sumO* 基因对黄曲霉毒素合成的影响

图为 HPLC 结果，AFB1 表示黄曲霉毒素 B1 出峰的位置；AFB2 表示黄曲霉毒素 B2 出峰的位置；wild type 表示黄曲霉野生型菌株；*OE∷AfsumO* 表示 *sumO* 基因过表达菌株；*ΔAfsumO* 表示 *sumO* 基因敲除株

第 6 章　转录调控因子

蛋白质是各种生命活动的执行者，而蛋白质的表达又离不开转录因子的调控。转录调控因子在信号传递通路途径中起着非常重要的作用，直接关系到信号的传递和目的基因的表达，在控制基因的表达中起到至关重要的作用，细胞如何对环境的变化做出响应并发挥相应的功能都是由细胞中的转录因子决定的。对转录因子的研究在生命科学领域一直都是炙手可热的课题。细胞生命活动是很复杂的，各类重要的转录因子在细胞中也是非常多的，要将这些重要的转录因子在复杂的细胞生命活动网络中的功能研究清楚，是一件浩大的工程。关于转录因子的研究还需要我们不断的努力摸索探究。

黄曲霉的生长、繁殖、侵染和次级代谢，在分子水平上是错综复杂的过程，涉及许许多多的转录因子对各类基因表达的调控。我们的研究发现黄曲霉中的各类转录因子在其生命代谢活动中起到非常重要的作用，尤其是在黄曲霉分生孢子的形成、次级代谢产物的生物合成以及黄曲霉对宿主的侵染过程中，各类转录调控因子发挥了非常重要的作用。因而深入研究转录因子如何调控这些基本的生命代谢活动，将为科学合理地防治黄曲霉提供更好的思路。

6.1　转录调控因子常见的种类

转录因子结合到特异的 DNA 序列上，直接影响转录或者与 RNA 聚合酶相互作用选择性地转录。转录因子由多个结构域组成，一般包括与 DNA 结合的结构域、转录激活结构域（一般有酸性激活结构域、富含谷氨酰胺的结构域以及富含脯氨酸的结构域）以及借助辅助因子和基础转录机器的蛋白质与蛋白质相互作用的结构域。转录因子的种类很多，常见的有以下几种。

6.1.1 螺旋-转角-螺旋基序

螺旋-转角-螺旋基序一般是由两段比较短的 α 螺旋片段，之间被一段只有 7~9 个氨基酸残基构成的 β 转角相连接组成。根据已有的研究成果，X 射线衍射获得的蛋白晶体的结果显示，螺旋-转角-螺旋基序的确能够与 DNA 进行特异性的结合。如图 6-1 所示，两个 α 螺旋能够与 DNA 进行序列特异性的结合，因此这个能够与 DNA 大沟结合的螺旋，我们称之为识别螺旋。

图 6-1 螺旋-转角-螺旋基序

同源异型域这种形式的 DNA 结合结构域是螺旋-转角-螺旋的另外一种亚型结构。果蝇触足基因的同源异型基因的突变导致了在正常果蝇原本应该长出触角的地方却长出了中足。同源异型域转录因子结合 DNA 是直接由同源结构域介导的。同源异型结构域中的螺旋-转角-螺旋基序不仅调节蛋白质的 DNA 结合，并且还能够通过识别螺旋结构控制精确识别的 DNA。尽管同源异型域中 N 端一段短的氨基酸残基主要作用于 DNA 分子的小沟，但其同样能够与 DNA 分子大沟相互作用，如果将这段 N 端氨基酸残基截除，将会导致同源异型域与 DNA 分子结合的亲和力下降。由此可见，同源异型域 N 端结构域在同源异型结构域转录因子识别结合 DNA 过程中，起到至关重要的作用。

6.1.2 锌指结构

转录因子 TFIIIA 是典型的锌指结构。在转录因子 TFIIIA 中，有一段含有 Tyr/ Phe-X-Cys-X-Cys-$X_{2,4}$-Cys-X_3-Leu-X_2-His-$X_{3,4}$-His-X_5 单位重复结构。其为双半胱氨酸双组氨酸型锌指结构，在这个重复的结构单元中，含有两个保守的半胱氨酸和两个保守的组氨酸与一个锌离子形成四面体型的配位组合。锌离子与 4 个氨基酸残基的偶联使这个基序的三维结构趋于稳定。在锌指结构中，与 DNA 结合的亲和性主要是依靠锌离子的作用，但是单个锌离子与 DNA 结合的作用又是十分单薄的，这就使在转录因子中有很多个锌指结构重复从而显著增强了与 DNA 结合的亲和力。如图 6-2 所示，在锌指结构中两个反向平行的 β 折叠与临近的 α 螺旋堆积在一起，指型结构在基序的底部锚定，在与 DNA 结合的过程中，α 螺旋位于 DNA 大沟中，其中特异性的序列与 DNA 相互作用，与此同时，两段 β 折叠片段远离 DNA 双螺旋形成主轴，与 DNA 主轴相互作用。

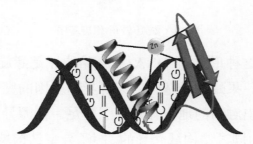

图 6-2　锌指结构

另外一种锌指结构是多半胱氨酸，多半胱氨酸型的锌指结构是由 4 个半胱氨酸和 1 个锌离子构成的。在这类核受体中，DNA 结合结构域中含有 Cys-X_2-Cys-X_{13}-Cys-X_2-Cys-X_2-Cys-$X_{15,17}$-Cys-X_5-Cys-X_9-Cys-X_2-Cys-X_4-Cys 重复序列。已有的研究表明，将多半胱氨酸中的两个半胱氨酸替换成两个组氨酸，并不能将多半胱氨酸型锌指转变为双半胱氨酸双组氨酸型锌指结构，这说明，这两种类型的锌指结构在功能作用上是不同的。

6.1.3 亮氨酸拉链结构

这类转录因子结构中都含有富含亮氨酸的区域，而在这个富含亮氨酸的区域中每隔 7 个氨基酸残基就会出现一个保守的亮氨酸残基。如图 6-3 所示，亮氨酸拉链结构一般都是由 2 个 α 螺旋片段构成的，每旋转两圈在 α 螺旋内部同一侧会出现一个亮氨酸残基，而这些亮氨酸残基在与相邻蛋白质相互作用的过程中起到非常重要的作用。这些氨基酸是疏水氨基酸，会形成疏水的表面，使相邻的 2 个 α 螺旋通过亮氨酸残基相互作用形成二聚体。与锌指结构和螺旋-转角-螺旋基序不同的是，亮氨酸拉链结构并不是直接与 DNA 分子相互作用的，而是促进了一个相邻的区域与 DNA 分子相互作用。通过形成亮氨酸拉链结构，促进了二聚体结构的形成，从而使转录因子中的 DNA 结合结构域能够正确地结合在 DNA 分子上，因此亮氨酸拉链结构在 DNA 结合的过程中起到了间接的结构支持作用。

图 6-3 亮氨酸拉链结构

6.1.4　螺旋-环-螺旋基序

螺旋-环-螺旋基序与之前介绍的螺旋-转角-螺旋基序是完全不同的，在螺旋-环-螺旋基序中含有两种不同的螺旋结构，在螺旋的一侧含有所有带正电荷的氨基酸残基，并且两个螺旋结构被一个非螺旋结构的环分隔开（图 6-4）。螺旋-环-螺旋结构与亮氨酸拉链结构有着相似的作用，都能够使转录因子形成二聚体从而促进转录因子与 DNA 的结合。在基因的调控中，亮氨酸拉链结构和螺旋-环-螺旋结构能够在基因表达和基因抑制过程中起作用。

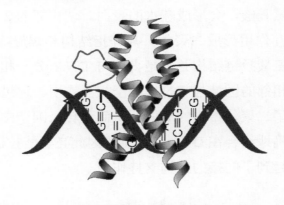

图 6-4　螺旋-环-螺旋基序

6.2　黄曲霉中的转录调控因子的功能

细胞中的各类转录因子在细胞各项功能中起到关键的作用。宏观上，细胞对外界条件做出的反应看似简单，但是从微观的角度去看这类问题时，却是相当复杂的过程。细胞中的转录因子数量很多，研究清楚黄曲霉的各类生命活动中的转录因子的功能，是一件必须花费大量精力才能完成的事。目前我们依然有很多问题需要去探讨，如黄曲霉无性分生孢子是如何形成的，细胞中哪些关键成员起到了作用？黄曲霉的次级代谢究竟是如何进行的，有哪些关键的转录调控因子起到重要的调控作用？黄曲霉是如何侵染种子的，有哪些转录调控因子会影响侵染的效果呢？研究清楚这些问题，能够给我们在如何科学合理地解决黄曲霉给人类造成的困扰上提供新的思路和方法。

6.2.1 转录调节因子 Skn7 的功能

真菌中的 Skn7 蛋白是一个响应胁迫反应的转录调节因子。Skn7 在真菌中是高度保守的，几乎所有的 Skn7 蛋白都具有一个统一的结构，在蛋白质的 N 端具有 DNA 结合结构域，该结构域类似于热激转录因子（HSF）的 DNA 结合结构域；在 C 端有一个接受结构域。在这个接受结构域上保守的天冬氨酸磷酸化产生的 His-Asp 磷酸化信号使 Skn7 具有转录活性。这种调控类型能够用来区分 Skn7 和其他真核转录因子。Skn7 作为真菌体内重要的转录调节因子，能够调控真菌应对外界环境的变化，如高渗胁迫、氧化胁迫等，在真菌的生长发育等方面都扮演着极为重要的角色。我们的研究发现黄曲霉中的 Skn7 转录因子在黄曲霉的生命活动中起到了非常重要的作用。

（1）Skn7 对黄曲霉菌落生长形态的影响

将构建好的 Skn7 敲除突变株接种在 YES 固体和 YES 液体平板上生长 4 天后观察，如图 6-5 所示，转录调控因子 Skn7 并不影响黄曲霉在固体平板上的生长；但是在 YES 液体培养基中培养后，通过称量体的干重，发现敲除了 skn7 基因后，黄曲霉菌丝的干重明显比野生型菌株的重，说明 skn7 对黄曲霉菌丝的生长是有一定影响的。

（2）Skn7 对黄曲霉分生孢子的影响

我们将各菌株的孢子液接种在 PDA 培养基上生长 5 天，如图 6-6 所示，发现敲除 skn7 基因后的菌株的分生孢子大多集中在菌落的中央，并且分生孢子的产量明显比野生型菌株的少。由此可以说明黄曲霉中的 Skn7 能够调节黄曲霉分生孢子的形成。

WT   Δ*skn7*

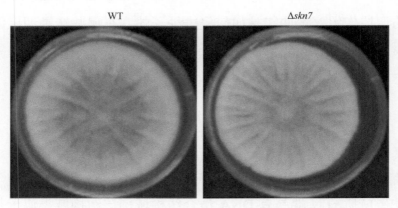

图 6-5　野生型菌株 WT 与 Δ*skn7* 突变株在 YES 固体培养基上的生长情况

WT   Δ*skn7*

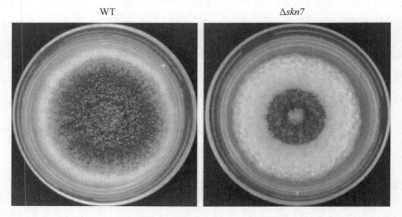

图 6-6　野生型菌株 WT 与 Δ*skn7* 突变株产生分生孢子时的菌落形态（彩图请见二维码）

（3）Skn7 对黄曲霉菌核形成的影响

我们将黄曲霉野生型菌株以及构建的 Skn7 突变菌株接种在 Wickerham 培养基培养，如图 6-7 所示，在菌核的形成方面，研究发现敲除了 *skn7* 基因后黄曲霉丧失了产菌核的能力，实验结果可以说明，转录因子 Skn7 在黄曲霉菌核的形成过程中起到了重要的调节作用。

（4）Skn7 对黄曲霉应答刚果红和荧光增白剂胁迫的影响

将 *skn7* 的突变菌株置于含有刚果红（Congo red，CR）和荧光增白剂（calcofluor white，CFW）的 YES 培养基中培养 8 天，与野生型

WT　　　　　　　　　　Δ*skn7*

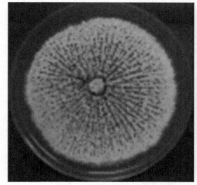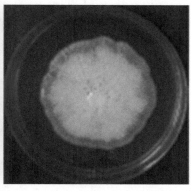

图 6-7　野生型与 Δ*skn7* 突变株产菌核的情况（彩图请见二维码）

对照组相比较，敲除了转录调节因子基因 *skn7* 后，突变菌株对刚果红和荧光增白剂这两种试剂比野生型更加敏感，说明转录调节因子 Skn7 在黄曲霉细胞应答 CR 或者 CFW 的胁迫时参与了细胞的调节反应。

（5）Skn7 对黄曲霉响应氧化胁迫的影响

将突变菌株在含有 3mmol/L H$_2$O$_2$ 和 0.01% 叔丁基过氧化氢（ter-butylhydroperoxide，*t*-BOOH）的 YES 固体培养基上培养，发现黄曲霉中 *skn7* 基因缺失后，与野生型对照组相对比，敲除突变株在含 3mmol/L H$_2$O$_2$ 的培养基上生长受到非常明显的抑制，在含 0.01% 叔丁基过氧化氢的培养基上完全不生长，两者之间存在着较大的差异。说明黄曲霉转录调节因子 Skn7 能够调节氧化压，使黄曲霉细胞适应外界条件变化。

（6）转录调节因子 Skn7 对 AFB1 合成的调控作用

将突变菌株置于 YES 液体培养基中培养 6 天后，利用氯仿萃取的方法提取黄曲霉毒素，最后用 TLC 层析方法检测各菌株产 AFB1 的情况，如图 6-8 所示，黄曲霉中缺失了 *skn7* 基因后基本不产生 AFB1，用 q-PCR 检测产毒基因簇上 *aflJ*、*aflQ* 和 *aflT* 基因的表达情况，黄曲霉菌株中缺失 *skn7* 基因后，相对于野生型来说，突变菌株产毒基因簇

上的 *aflJ*、*aflQ* 和 *aflT* 的表达量都明显下降，说明转录因子 Skn7 在 AFB1 的合成过程中起到了很重要的调控作用。

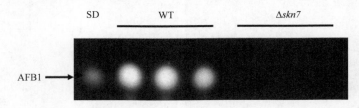

图 6-8 TLC 检测野生型菌株 WT 和 Δ*skn7* 突变株在 YES 培养基中的产毒情况

（7）转录调节因子 Skn7 在黄曲霉侵染种子过程中的调节作用

将各菌株孢子悬液处理过的玉米放置在 29℃黑暗条件下培养 7 天，观察黄曲霉的侵染情况。如图 6-9 所示，黄曲霉缺失了 *skn7* 基因后，菌丝定殖在玉米表面的能力明显下降，相对于野生型，可以看到野生型表面被厚厚的孢子覆盖，而 *skn7* 基因突变株的表面只有少量的白色菌丝覆盖，说明转录调节因子 Skn7 在黄曲霉侵染种子的过程中起到了很重要的作用。

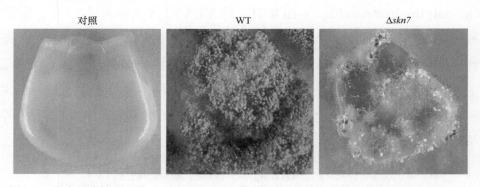

图 6-9 野生型菌株 WT 和 Δ*skn7* 突变体孢子侵染玉米后的生长情况（彩图请见二维码）

6.2.2 黄曲霉中具有 WOPR box 结构域的转录因子 WprA 和 WprB 的功能

WOPR box 结构域命名是来源于白念珠菌（*Candida albicans*）的

Wor1、粟酒裂殖酵母（*Schizosaccharomyces pombe*）的 Pac2 和荚膜组织胞浆菌（*Histoplasma capsulatum*）的 Ryp1。WOPR box 结构域非常保守，该蛋白家族转录因子通过其 N 端的 WOPR box 结构域结合 DNA。以白念珠菌中 Wor1 蛋白为例，WOPR box 结构域是由两个小的高度保守的结构域 WOPRa 和 WOPRb 构成的。在白念珠菌中，WOPRa 和 WOPRb 这两个结构域相互作用，并且都能够与 DNA 结合。WOPR box 结构域中的两个高度保守的结构域之间通过一段不保守的序列连接，形成 β 折叠，而这种结构能够紧紧地镶嵌到 DNA 大沟中。

　　我们利用生物信息学比对，在黄曲霉中找到了两个具有 WOPR box 结构域的蛋白，分别命名为 WprA 和 WprB。利用同源重组的方法将黄曲霉中 *wprA* 和 *wprB* 基因进行敲除，并且构建了 *wprA* 和 *wprB* 的过表达菌株。

1. 转录因子 WprA 对黄曲霉的影响

（1）转录因子 WprA 对黄曲霉气生菌丝生长和分生孢子形成的影响

　　将黄曲霉野生型菌株、*wprA* 基因敲除菌株以及 *wprA* 过表达菌株接种在 PDA 培养基上，放置在 29℃黑暗条件下培养 4 天后观察其表型。发现敲除了 *wprA* 基因后，黄曲霉分生孢子的产量明显比野生型要多，并且菌落产生的气生菌丝量明显比野生型少，且菌落是紧紧地平铺在培养基的表面生长。由这些表型可以看出，黄曲霉中的 WprA 转录因子在黄曲霉的气生菌丝生长上起正调控作用，在分生孢子的形成上起到了负调控的作用。

（2）转录因子 WprA 对黄曲霉产菌核的影响

　　将野生型、Δ*wprA* 菌株的孢子接种在 Wickerham 培养基上，分别置于黑暗条件下 37℃培养 7 天并观察其表型，如图 6-10 所示，敲除

wprA 基因以后，Δ*wprA* 菌株不产菌核，说明 WprA 参与调控黄曲霉菌核的形成并起正调控作用。

WT   ΔwprA

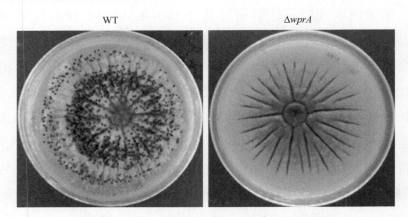

图 6-10　转录因子 WprA 对黄曲霉产菌核的影响（彩图请见二维码）

2. 转录因子 WprB 对黄曲霉的影响

（1）转录因子 WprB 对黄曲霉分生孢子形成的影响

我们同时也研究了黄曲霉中与 WprA 同源的另外一个转录调节因子 WprB 的影响，将黄曲霉野生型菌株以及构建好的突变菌株放置在黑暗条件下培养 4 天，如图 6-11 所示，研究发现敲除了黄曲霉中的

WT   ΔwprB

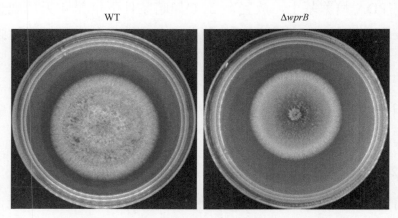

图 6-11　转录因子 WprB 对黄曲霉分生孢子形成的影响（彩图请见二维码）

wprB 基因以后，黄曲霉产生分生孢子的数量明显地比野生型要多，并且敲除 *wprB* 基因以后黄曲霉产生的气生菌丝量明显比野生型少，菌落也是紧紧地平铺在 PDA 培养基的表面，这些结果说明黄曲霉转录因子 WprB 的功能可能与 WprA 类似，即在黄曲霉的气生菌丝生长上起正调控作用，在分生孢子的形成上起到了负调控的作用。

（2）转录因子 WprB 对黄曲霉产菌核的影响

将黄曲霉野生型菌株以及构建好的 *wprB* 基因突变菌株接种在 Wickerham 培养基上，放置在 37℃培养 7 天并观察其表型。敲除黄曲霉中的 *wprB* 基因后，黄曲霉不能形成菌核。说明黄曲霉中的 *wprB* 基因能够调控黄曲霉菌核的形成。

6.2.3　黄曲霉氮源代谢调控抑制因子 NmrA 的功能

氮元素是微生物细胞生长活动中所必需的基本元素，微生物细胞对氮的需求量仅次于对碳的需求量。当环境中存在众多氮源时，微生物更青睐优先吸收利用铵盐或者谷氨酰胺等优势氮源，这一过程被称为可控的氮源代谢抑制过程。在构巢曲霉中，这个过程是通过 GATA 家族的正调控转录因子 AreA 发挥作用进行调控的。当细胞处于含有铵盐或者谷氨酰胺的环境中，氮源代谢中的负调控因子 NmrA 会与 AreA 作用，使 AreA 失去活性，从而阻止其他氮源代谢相关基因的表达，使环境中的优势氮源铵盐或者谷氨酰胺被优先使用。当环境中的铵盐或者是谷氨酰胺利用完时，或者环境中不存在铵盐或者谷氨酰胺时，转录负调控因子 NrmA 会从与 AreA 形成的复合体上解离下来，此时，AreA 又重新被激活，并且激活了其他类型的氮源代谢相关基因的表达。

本实验室构建了黄曲霉 *nmrA* 基因缺失菌株，研究了转录调控因子 NmrA 在黄曲霉氮源代谢过程中的功能作用及对黄曲霉生长发育的影响。

（1）转录调控因子 NmrA 对黄曲霉生长的影响

将野生型菌株、*nmrA* 基因缺失突变菌株以及互补菌株分别接种到含有单一氮源的 GMM 基本培养基上，放置在 28℃ 条件下培养 7 天，并且每天观察菌落的生长情况并且做好记录，结果如图 6-12 所示，从图中可以发现在含有单一氮源如谷氨酰胺、$(NH_4)_2C_4H_4O_6$ 的 GMM 培养基上，缺失 *nmrA* 基因的黄曲霉菌株的径向生长明显会比野生型菌株慢，并且在含有脯氨酸的培养基上生长时，*nmrA* 基因缺失菌株的菌落边缘有明显的褶皱出现。这些结果都能够说明，转录调控因子 NmrA 对黄曲霉菌丝的营养生长有明显的调节作用，*nmrA* 基因能够参与到氮源介导的黄曲霉生长过程。

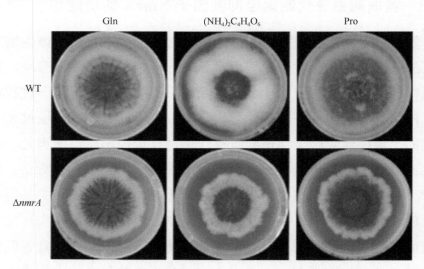

图 6-12　黄曲霉野生型菌株 WT 和 *nmrA* 基因缺失菌株 Δ*nmrA* 在
不同氮源培养基上的生长情况（彩图请见二维码）

（2）转录调控因子 NmrA 对 AFB1 合成的影响

为了探究转录调控因子 NmrA 对黄曲霉毒素合成有何影响，我们将野生型菌株、*nmrA* 基因缺失菌株以及其互补菌株的孢子分别接种到含有谷氨酰胺、脯氨酸、亚硝酸钠、丙氨酸和$(NH_4)_2C_4H_4O_6$的单一氮源培养基中，于28℃黑暗条件下培养7天，用氯仿萃取提取黄曲霉毒素，用TLC方法分析各菌株在不同培养基中AFB1的合成情况，野生型菌株和我们构建的*nmrA*突变菌株在含有谷氨酰胺（Gln）和丙氨酸（Ala）的GMM基本培养基上生长7天后，所产生的AFB1的含量明显比野生型菌株低。在含有硝酸钠的GMM培养基中，野生型菌株和所构建的突变菌株都没有产生AFB1，这是因为本实验所用的菌株中硝酸还原酶不能够正常行使功能，从而导致这些菌株不能利用环境中的硝酸盐。由此可以看出在含有谷氨酰胺或丙氨酸这类单一氮源的培养基中，*nmrA*缺失菌株产生AFB1的含量会明显比野生型菌株的含量低，说明转录调控因子NmrA可以通过控制氮源的代谢来调控AFB1的合成。

（3）转录调控因子NmrA对黄曲霉菌核形成的影响

将野生型菌株、*nmrA*基因缺失菌株以及其互补菌株接种在含有2%的山梨醇（加入2%的山梨醇是为了使菌株更容易产菌核）的GMM培养基中培养，另外，GMM培养基中分别添加单一氮源谷氨酰胺或者$(NH_4)_2C_4H_4O_6$，放置在37℃黑暗条件下培养7～14天。可以看出，*nmrA*基因缺失菌株产菌核的数量明显比野生型菌株以及互补菌株的要高。从这些结果我们可以看出，黄曲霉中转录调控因子NmrA能够通过调控氮源利用参与菌核的形成，并对菌核的形成产生了负调控的作用。

第 7 章　黄曲霉非编码 RNA

进入 21 世纪后，非编码 RNA 的研究越来越吸引人们的关注。大量的基因组测序数据显示，DNA 上编码蛋白质的区域只占基因组的极小一部分，人类基因组编码区不会超过整个基因组的 3%，其他部分都是不编码蛋白质的非编码区域。microRNA（miRNA）是一种微小的非编码 RNA，它包含 18~25 个核苷酸，通过结合目标 mRNA 对基因表达进行负调控。成熟的 microRNA 从 miRNA 初级转录物（pri-miRNA）上通过核酸内切酶剪切形成，产生一个 60~70 个核苷酸的前体发夹结构，被称为前体 microRNA。这些前体 microRNA 从细胞核向细胞质中输出，被一个叫作 Dicer 的内切酶进一步裂解，产生成熟的 microRNA。作为 RNA 诱导沉默复合体（RISC）的一个组成部分，成熟的 microRNA 会引导 RISC 结合到目标 mRNA 上，导致 mRNA 降解或翻译受到抑制。自从在秀丽隐杆线虫中发现了第一个 miRNA lin-4 以来，miRNA 在不同的动物、植物和单细胞真核生物中被发现，如藻类、鞭毛虫和阴道毛滴虫等。

7.1　真菌 milRNA

丝状真菌是一种重要的多细胞真核生物，拥有 10 亿年的进化历史。各种小 RNA（small RNA，sRNA）及其介导的 RNA 干扰（RNAi），已陆续在丝状真菌中被发现。最近，一些研究表明，在丝状真菌中也存在 microRNA-like sRNA（milRNA），包括粗糙脉孢菌、核盘菌核菌、金龟子绿僵菌等。随着对 milRNA 研究的不断深入，科学家开始认识到这些普遍存在的小分子在真核基因表达调控中起着广泛的作用。然而，大多数真菌 milRNA 的功能仍然是个谜。高通量 sRNA 测序技术在真菌中的应用，使人们对真菌 milRNA 进行了一系列的研究和探索。

7.1.1　真菌 milRNA 的产生机制

在真菌中发现了多种多样的 small RNA，包括依赖 Dicer 酶的 milRNA 和不依赖 Dicer 酶的 milRNA。通过分析结合脉孢菌 Argonaute 蛋白 QDE-2 的 small RNA，人们发现在丝状真菌中存在通过不同途径生成的 milRNA 和不依赖 Dicer 酶的 small interfering RNA（disiRNA）。惊奇的是，milRNA 至少存在 4 种机制生成，在生成过程中结合 4 种完全不同的因子：Dicers、QDE-2、QIP 和 MRPL3。与此相反，disiRNA 产生源自重叠的位点，包含正义链和反义链转录物，而且不需要已知的 RNAi 组分作用于它们的产生过程。总而言之，这些结果表明了丝状真菌中小 RNA 生产有多条途径，揭示真核小 RNA 的多样性和进化起源。

7.1.2　真菌 milRNA 的功能

milRNA 是 22 个核苷酸的非编码 RNA，通过靶向 mRNA 以降解或抑制蛋白质翻译，从而调节基因表达。在这个过程中，前体 dsRNA 被 RNaseIII 样切割酶切割成 19～40nt 的小非编码 RNA。随后将双链 sRNA 并入 RNA 诱导的沉默复合物（RISC），其中 argonaute 是核心组分，其功能是作为 sRNA 引导的内切核酸酶。激活的 RISC 在 ATP 依赖性反应中产生单链 sRNA，通过碱基配对相互作用于与 sRNA 互补的 mRNA 转录物，导致靶向 mRNA 随后被降解，从而抑制蛋白质的生物合成。虽然核心 RNAi 组分存在于许多真菌，但是它们的生理作用各不相同，知之甚少。在产黄青霉中也鉴定出许多 milRNA，它们具有以前发现的真菌 milRNA 的典型特征，有较强的 5′尿嘧啶偏好性和真菌典型的长度分布。

7.2 黄曲霉 small RNA 分析以及 miRNA 预测

由于黄曲霉毒素具有剧毒性，与人类的生活息息相关，因此研究黄曲霉 small RNA 以及 miRNA 来认识其基因构成，具有重要的科学意义。虽然已经在各种丝状真菌中鉴定出 small RNA 途径，但黄曲霉 miRNA 的研究还处于起步阶段，并且它们在黄曲霉中的作用在很大程度上是未知的。据报道，水活度（a_w）和温度是真菌生长和毒素生产的关键因素。为了评估 miRNA 对水活度和温度因子的响应，本节构建了不同条件下 4 个黄曲霉 sRNA 文库（温度 37℃和 28℃，水活度 99% 和 93%），并使用 Illumina 高通量测序技术测序。通过试验确定了黄曲霉中 100 多个 milRNA 的候选序列，并鉴定出在不同温度或水分条件下差异表达的 milRNA。

7.2.1 黄曲霉基因组中 small RNA

从 NCBI 中获得了黄曲霉 small RNA 的 SRA。使用软件 Adapter Remover 去除接头序列后，得到干净的 sRNA 序列。通过使用 Python 脚本，获得了黄曲霉 sRNA 序列分布情况、各长度 GC 含量以及 5′端的组成。图 7-1 显示的是黄曲霉 small RNA 序列的长度比对，由图可知，黄曲霉 small RNA 集中分布在 19～24nt，在 21nt 时 sRNA 的值达到顶峰，且从 21nt 最高峰以后向两端逐级递减，在 16nt、17nt 中不存在 small RNA 序列。在 32nt、33nt、34nt、35nt 中 sRNA 序列含量很低，图中几乎看不到。

统计 small RNA 序列所含的 GC 含量并计算其对应的比例作图（图 7-2），即黄曲霉 small RNA 各序列 GC 含量比例。从图中可以很明显地看出，16nt、17nt 当中并不包含鸟嘌呤（G）和胞嘧啶（C）。

由于 GC 含量越高，序列的热稳定性越好，抗碱性能力越强。在 18～
35nt GC 含量都超过了 50%，在 33nt 时 GC 含量最高，超过了 55%。
说明黄曲霉从 18～35nt 序列抗性都比较好，比较稳定。

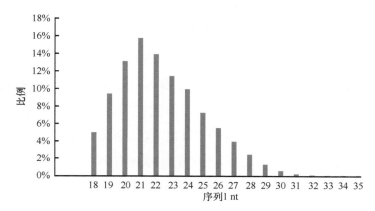

图 7-1　黄曲霉 small RNA 序列长度比例

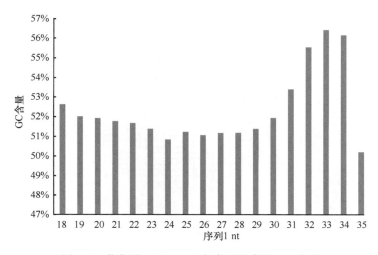

图 7-2　黄曲霉 small RNA 各序列长度组 GC 含量

统计 small RNA 每条序列 5′端碱基组成并计算其所占的比例作
图，得到黄曲霉 small RNA 的 5′端的组成。由于不管在植物或者动物
中，miRNA 主要存在于 23nt 之前，出现在 23nt 以后序列较少，所以
我们主要分析存在于 23nt 之前的序列。对于黄曲霉 miRNA 的预测，

可以将 5′端 U 的出现频率作为一个参考参数，来判断预测出的 miRNA 是否正确。在前 23nt 序列中，我们发现 20～23nt 中 5′端出现尿嘧啶（U）的频率更高。

7.2.2　黄曲霉基因组中 milRNA

将已去除接头的 small RNA 用 miRCat 来预测其 miRNA。但由于没有准确的预测真菌的 miRNA 的工具，所以我们借用预测植物、动物的方法来预测黄曲霉的 miRNA。预测完后，同样用 Python 脚本来统计 miRNA 的序列组成、各长度 GC 含量以及 5′端碱基组成。分别使用植物、动物预测方式，预测出黄曲霉 milRNA 序列长度均为 20～23nt，黄曲霉的 milRNA 集中在 21nt 上（图 7-3）。

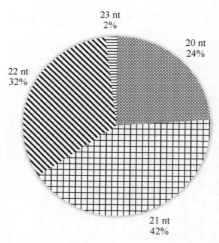

图 7-3　黄曲霉 milRNA 序列长度比例

统计 milRNA 各序列中 GC 含量并计算其比例，即可得到黄曲霉 miRNA 各序列长度组 GC 含量比例。结果表明，黄曲霉 milRNA 各序列 GC 含量都超过了 50%，且在 23nt 时 GC 含量达到最高。统计 milRNA 每条序列 5′端第一个碱基的组成，并计算其所占的比例（图 7-4），即黄曲霉 milRNA 各序列 5′端碱基组成比例。由图可知，尿嘧啶（U）在 5′端第一个出现的频率最高，在 20 nt 上达到了最高峰。其次是鸟嘌呤（G）和腺嘌呤（A），概率最少的是胞嘧啶（C）。

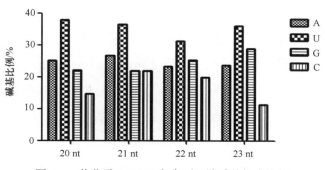

图 7-4　黄曲霉 miRNA 各序列 5′端碱基组成比例

7.3　温度和水活度影响下的黄曲霉 milRNA

虽然 microRNA（miRNA）已经在植物和动物中进行了深入的研究，但是 miRNA 在真菌中的研究却受到限制，目前，已经有报道 milRNA 存在于几种丝状真菌，包括红色面包霉、粗糙脉孢菌、核盘菌、里氏木霉等。然而，尚未见报道在黄曲霉中是否存在 milRNA。鉴于 miRNA 途径是一种保守和古老的调节机制，我们假设多细胞生物体内的 miRNA 机制在黄曲霉中也存在，涉及真菌生长和毒素生产。为了评估 miRNA 对水活度和温度因子的反应，本节构建了不同条件下 4 个黄曲霉 sRNA 文库（温度 37℃和 28℃，水活度 99%和 93%），并使用 Illumina 高通量测序技术测序。通过试验确定了黄曲霉中许多 milRNA 的候选序列，差异表达的 milRNA 图谱在深度测序中获得，并通过 RT-qPCR 进一步验证检测。黄曲霉 milRNA 在不同温度或水活度下存在和差异表达，表示 milRNA 可能在黄曲霉毒素合成和菌体生长中起到重要作用。

7.3.1　4 种条件下的 milRNA 测序结果

我们研究了 4 种黄曲霉毒素的生产条件（28℃，37℃，93%a_w 和 99%a_w），发现总 sRNA 和 unique sRNA 长度不均匀分布。总 sRNA reads 的大小分布为双峰，在 20nt/21nt 和 23nt/24nt，而 unique 的 sRNA reads 显示正态分布曲线，峰值为 21nt。黄曲霉 sRNA 读数的比较分析，显示了 4 个样品中和 unique sRNA 的共同数量（图 7-5A）。将 sRNA reads 映射到参照基因组，获得了 sRNA 的位置完美地映射在每条染色体上。结果表明有 11 361 702 个总 sRNA 和 2 033 007 个 unique sRNA 匹配目前的黄曲霉基因组。有趣的是，虽然大部分 sRNA 存在于 16 个重叠群中，但 sRNA 的数量映射到某些重叠群中的有义或反义链不完全相等。还值得注意的是，许多 sRNA 是重复相关的 sRNA（RasiRNA），这可能来源于长的 dsRNA，因此属于 siRNA 家族。只有少量读数被注释为 rRNA、tRNA、snRNA、snoRNA 和其他先前已知的 RNA。然而 33%～40% unique reads 被映射到注释基因的有义链，大部分 reads 都是未注明的，位于黄曲霉基因组的基因间区（图 7-5B）。

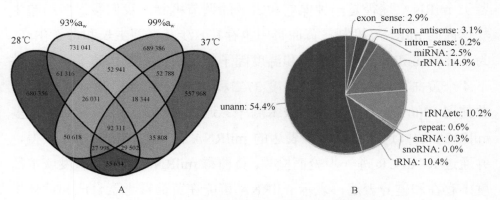

图 7-5　黄曲霉 4 种条件下 sRNA 测序结果

A. 维恩图显示 4 个样本（28℃、37℃、93%a_w 和 99%a_w）唯一读取的数据集之间重叠；

B. 28℃样本中 sRNA 来源的分布

7.3.2　4 种条件下 sRNA 基因座表达的分级聚类

在本小节我们采用"基于共表达"的方法使用动力学 RNA 表达水平鉴定 sRNA 基因座。所有干净的读数由 Colide 程序（sRNA Workbench）进行分析，结果共有 8128 个假定的 sRNA 基因座（图 7-6）。通过显著性检验，最终有 6483 个概率值大于 0.5 的 sRNA 基因座被认为是用于进一步差异表达分析的高自信的 sRNA 基因座。本节结果表明，通过采用随机抽样模型的 MA 绘图法，61 个和 766 个 sRNA 基因座在 28℃/37℃和 93%a_w/99%a_w 条件下差异表达。有 48 个常见的 siRNA 基因座，在不同的温度和水条件下都是差异表达的。通过检查每个文库的 sRNA 簇的总数，并确定映射到基因和基因间区域的簇，发现 75.3%的 sRNA 位点与注释的转录物重叠。

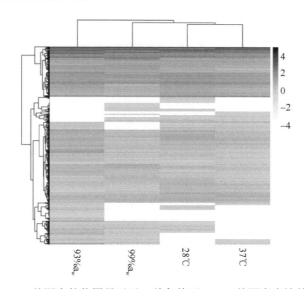

图 7-6　sRNA 基因座的热图显示了 4 种条件下 sRNA 基因座表达的分级聚类

7.3.3　黄曲霉 milRNA 的二级结构

为了鉴定黄曲霉中潜在的 milRNA，首先从数据集中排除源自

rRNA、tRNA、snRNA 和 snoRNA 的 milRNA。我们预测了来自于内含子和反义外显子区域一致的 135 个 milRNA，表明黄曲霉中 milRNA 的表达可能在水活动较低的情况下被胁迫诱导。在这些潜在的 milRNA 中，只有 Afl-milRNA-2、Afl-milRNA-4 和 Afl-milRNA-7 在所有 4 种条件下都表达了。我们还预测了 Afl-milRNA-4 的前体二级结构（图 7-7），预测的 milRNA 末端的第一个碱基对 G 具有较强的偏好，表明该 sRNA 类别的特异性成熟机制。在其他真菌中报道的 miRBase 和其他 milRNA 上的黄曲霉 mRNA 的序列搜索，没有发现同源物，表明黄曲霉 milRNA 的物种特异性特征。

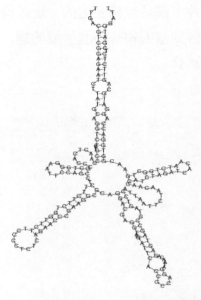

图 7-7　Afl-milRNA 前体序列的二级结构预测

7.3.4　黄曲霉 milRNA 的表达分析

本小节分析了不同温度或水活度样品之间的 milRNA 表达。在 135 个 milRNA 中，在 28℃、37℃、93%a_w 和 99%a_w 中表达了 3 种（Afl-milR-2、Afl-milR-4 和 Afl-milR-7）。通过 RT-qPCR 进一步证实了

所有 4 个样品中都存在这些 milRNA，这表明在黄曲霉中鉴定的这些 milRNA 是高度可靠的。这项研究的另外一个目的是探讨参与温度和水分胁迫的 Afl-milRNA 的作用。如图 7-8 所示，与 37℃ 相比，Afl-milR-3 和 Afl-milR-33 的表达在 28℃ 都下调。其中 Afl-milR-3 与 sRNA seq 数据显示出良好的一致性，而在 37℃ 下未预测到 Afl-milR-33。然后我们手动检查 Afl-milR-33 基因座，发现在 37℃ 下，一个 sRNA 读取（GGCGAGAUGGCC GAGCGGCCCC）是最高丰度，而不是 Afl-milR-33 读数（GGCGAGAUGGCCGA GCGGUC）。Afl-milR-3 和 Afl-milR-33 的不同表达模式，表明这两种 milRNA 可能与黄曲霉基于温度的调节过程相关。

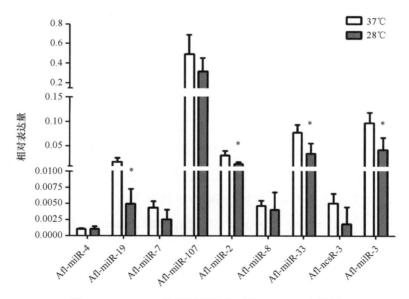

图 7-8 RT-qPCR 验证不同温度下的 milRNA 表达量

*为显著性差异

同样，用 RT-qPCR 方法验证不同水活度下的 milRNA 表达量。结果表明，与 93%a_w 样品相比较，Afl-milR-19 上调，而 Afl-milR-107 在 99%a_w 样品中下调。该结果与 sRNA 测序得到的数据吻合良好，表明 Afl-milR-19 和 Afl-milR-107 可能参与黄曲霉毒素水分胁迫过程。

7.3.5 黄曲霉 milRNA 靶基因的预测

为了研究本实验中鉴定的 milRNA 是否针对黄曲霉中的特定基因，根据前人提出的标准，对 milRNA 的靶基因进行计算预测。结果表明，60 多种黄曲霉的 milRNA 被预测至少与一种靶标结合。预期Afl-milR-4 靶向编码保守蛋白 AFL2G_09890 的转录物，其包含可能在控制代谢、物质转运和信号转导中起作用的 ACT 结构域。有趣的是，在 37℃下，上调的 milR1-Af1-milR-33 被预测为 AFL2T_08520（命名为 ustA），其负责黄曲霉中的 ustossin B 生物合成。这表明 Afl-milR-33可能有助于 ustossin B 生物合成。

自从 miRNA 被人们识别以后，已成为生命科学研究工作者关注的焦点。其理由在于 miRNA 在生命活动中具有重要的调节机制，对基因表达、生长发育和行为等都有十分深远和复杂的效应。非编码RNA 是对中心法则中 RNA 作为中介角色的补充，其中 miRNA 是重要的一环。这使得生物学家开始重新思考细胞遗传调控及其发育等方面的问题。最近对 miRNA 的研究已经取得了突破性进展，并且伴随着大量的 miRNA 被人们发现。但我们都知道，这只是其中极少一部分，仍然有大量未知序列及其生理功能等待我们去探索。此外，目前与 miRNA 相关的研究均依赖于基因组测序得到的序列，而对未知基因组序列的生物却没有任何研究报道。如何能在真菌 miRNA 研究工作中更进一步创造性地开发和建立合适的研究方法，是揭开 miRNA神秘面纱的重中之重。真菌 miRNA 的研究将是漫漫长路，值得我们继续努力研究，尽力揭示更多生命的奥秘。

第8章 黄曲霉中蛋白质结构与功能研究

黄曲霉对农作物造成广泛侵染，所产生的黄曲霉毒素对人和动物身体健康造成巨大危害，黄曲霉还是一种导致曲霉病的重要病原真菌。因此，黄曲霉产毒和生长中关键蛋白结构和功能的研究，以及相应抑制剂的开发都具有重要意义，可对黄曲霉防治和开发曲霉病药物提供重要帮助。因此开展黄曲霉重要蛋白的结构与抑制剂的研究，不仅在理论研究方面具有重要的意义，还具有巨大的社会经济价值。

8.1 蛋白质结构研究的基本方法

蛋白质在所有生物体内普遍存在，同时参与各种生物学功能。这种生物大分子的功能主要取决于它们的三维结构以及相互作用机制。对蛋白质结构的解析可以从根本上了解蛋白质功能的分子机制，同时也为研究蛋白质功能提供了一个可靠的途径。蛋白质结构的主要研究方法包括 X 射线晶体衍射、核磁共振（NMR）和冷冻电镜技术，还有质谱法、圆二色谱法等可以间接地分析蛋白质的细微结构。结构生物学的发展可以帮助我们更好地了解蛋白质结构功能，它使三维结构中包含的信息合理化并进行分类，最终有利于我们了解原子级细节，如生物有机体如何编码、利用和传递信息。特别是对研究和开发相关药物具有重要的意义。

8.1.1 X 射线晶体衍射解析蛋白质结构

X 射线是在 19 世纪末发现的，并在大约 20 年后发现了 X 射线的衍射现象。直到 20 世纪五六十年代，才有第一个低分辨率的蛋白质结构通过结晶学获得，这意味着蛋白质结晶学进入标志性时代。随着相关科技的不断进步，蛋白质结晶学越来越趋于自动化，很多以前难于解析的蛋白质结构被攻克。大量蛋白质结构的解析大大促进了生物化学等生物相关领域的发展，许多蛋白质的作用机制以及与其他分子间的相互作用也由此得以发现。

蛋白质结晶是蛋白质在过饱和的溶液中析出，由无数个蛋白质分子规律叠加形成的反复有序的一种固态结构的状态，结晶的过程是蛋白质分子相变的一个过程，分为晶核的形成和晶体的生长两个阶段。晶体的形成首先是形成晶核，然后其他蛋白质分子以非常规律、有序的方式堆积在晶核上，逐渐形成晶体。这种规律、有序的分子堆积方式决定了高纯度蛋白质的重要性。在得到尽可能纯的蛋白质的前提下，蛋白质的结晶原则是在一定的沉淀剂的条件中，缓慢地使蛋白质达到过饱和，从而结晶。

1. 蛋白质结晶的主要方法

蛋白质结晶学包括基因克隆、蛋白质表达与纯化、蛋白质结晶、数据收集和结构解析等主要步骤。其中蛋白质的结晶是最为关键的步骤，并不是所有的蛋白质都能获得高质量的晶体。首先要获得大量高纯度的蛋白质，克隆和标签纯化此处就不再赘述。标签纯化之后一般会想办法切除纯化标签，否则有可能会影响结晶效率。一般使用在标签和目的蛋白之间添加 Prescission 蛋白酶等酶切位点来达到后期切除的效果。标签纯化之后使用离子筛、分子筛等进行进一步纯化。在得到大量纯净的高浓度蛋白质之后，就可以进行结晶。具体来讲，是将蛋白质溶液和沉淀液混合，同时加入一些添加剂，在一定 pH 下以盐析作用使蛋白质浓度缓慢过饱和从而结晶。沉淀剂一般是较高浓度的盐溶液如硫酸铵或不同分子质量的聚乙二醇（PEG）。添加剂通常是低浓度的金属盐或维持目的蛋白功能的小分子，蛋白质结晶的 pH 则以中性左右居多。沉淀剂的筛选可以购买商业试剂盒，在蛋白质结晶试验之前，一般把蛋白质溶液换到较低盐的缓冲液里。蛋白质的浓度一般初试 5～10mg/mL，然后根据具体试验结果再调整浓度。

　　蛋白质的结晶受多个条件因素影响。近年来，由于越来越多的商业化结晶试剂盒的出现，很多可能的结晶条件都被包括。其中蛋白质本身的特性是蛋白质能否结晶的关键因素，首先蛋白质的纯度要求很高，绝大部分蛋白质的纯度都要在 95% 以上；蛋白质的聚集形式一般也要求比较单一。另外，蛋白质的浓度也十分关键，一般初始蛋白的浓度要达到 5～10mg/mL，并根据蛋白质的性质适当调整浓度。沉淀剂也是蛋白质能否结晶的重要因素之一，主要作用就是使蛋白质和水分子分离，从而使蛋白质形成有规律的聚集状态。温度和 pH 在蛋白质结晶中也有很重要的作用，并且蛋白质一般在低温状态比较稳定；而且 pH 越接近蛋白质的等电点，越容易在溶液中析出并形成晶体。总之，蛋白质结晶是多种条件共同作用的结果，在进行结晶筛选或优化试验时要同时考虑多种条件。除上述影响因素外，其他条件诸如压力、震动、电磁场等都会对蛋白质的结晶造成一定影响。图 8-1 是在不同条件下得到的溶菌酶不同种类的晶体。

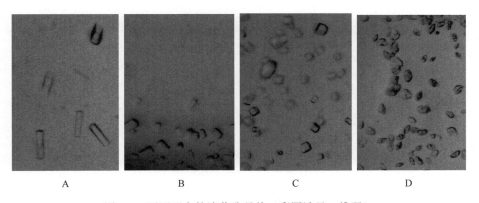

A　　　　　　　　B　　　　　　　　C　　　　　　　　D

图 8-1　不同形态的溶菌酶晶体（彩图请见二维码）

自从发现蛋白质结晶以来，曾经使用的方法有透析法、液相扩散法、气相扩散法等。近年来，由于大规模、高通量结晶技术和设备的使用，人们更常用气相扩散结合批量板（microbatch）法。

（1）气相扩散法

气相扩散法又称为蒸汽扩散法，是最常用的一种蛋白质结晶的方法。气相扩散法又分为倒置液滴（hanging drop）气相扩散法和正置液滴（sitting drop）气相扩散法两种（图 8-2）。在气相扩散法中，将蛋白质和沉淀液的混合液放置在含有高浓度盐溶液或者其他非挥发性的沉淀剂溶液中，将混合液和池液处于一种平衡状态。结晶溶液中的水或有机试剂因为气压等原因挥发缓慢进入池液中，导致结晶混合液的浓度增加，达到一个缓慢浓缩的过程，使蛋白质逐渐饱和从而析出形成晶核，再慢慢形成规则的晶体。

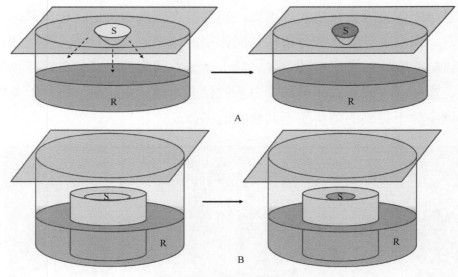

图 8-2　气相扩散法示意图

A. 倒置扩散法示意图；B. 正置扩散法示意图

S. 溶液；R. 试剂

（2）批量板法

批量板法是目前最常用的大规模结晶筛选的方法。每个批量板可同时筛选 96 种或更多的结晶条件。随着大规模结晶技术特别是自动结晶机器人的发展，批量板法因为它适于高通量筛选的优点而越来越多地被人们使用。特别是最近研制出的可以用倒置液滴或正置液滴气相扩散法的批量板，更多的研究者倾向于使用这一方法。

（3）其他新型结晶技术

除了上述几种常用的结晶技术外，也可以使用透析法进行结晶。使用透析的原理达到浓缩蛋白进而结晶的目的，但是透析对聚乙二醇等常用结晶剂不太适用，因此这一方法不太常用。另外还有新兴起的引晶技术，是将劣质的晶体再重新放入与其结晶条件相似但不完全相同的新体系中来提高生长概率的技术。还有使用配体来稳定高浓度蛋白、人工诱导成核、蛋白质修饰等技术。

得到的晶体需要从溶液中捞出，放在有防冻剂的溶液中，保存在液氮中直至放到衍射仪上。若这一过程操作不慎常导致晶体部分融化，从而导致衍射分辨率低。所以首先要保证这一操作过程熟练准确。另外，有些防冻剂对不同的晶体有不同程度的损伤，所以在试验中要测试几种不同的防冻剂。

2. X 射线晶体衍射解析蛋白质结构的基本过程

结晶是 X 射线衍射蛋白质结构生物学的基础，也是主要的一个瓶颈。一般显微镜下可见的晶体的三维大小从几微米到几百微米。有时极其微小的晶体不易被观察到，并且蛋白质晶体很少会长到很大，诸如三维都超过 1mm。一般可用于 X 射线衍射收集数据的晶体，最小的一维结构要在几十微米以上。

在获得蛋白质晶体后，蛋白质结构的解析过程主要包括晶体的冷冻和防冻、数据采集、位相分析、最终模型的建立和优化等步骤。近年来，随着蛋白质结晶学技术以及相关软件的发展，这一部分已经越来越自动化。X 射线衍射的基本原理如图 8-3 所示。

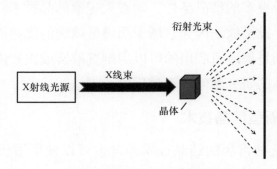

图 8-3　X 射线衍射原理图

X 射线晶体衍射主要分为以下几个主要步骤。

（1）晶体冷冻和防冻

蛋白质结晶在离开母液后如果没有任何的防护措施会快速融化，不能进行下一步 X 射线衍射的研究。所以对晶体的冷冻技术是 X 射线衍射的前提条件，也是一个必不可少的重要步骤。晶体首先要在液氮中快速冷冻保存并且所有的转运过程都要在冷冻状态下进行。由于晶体冷冻时不可避免地会带一些母液，母液在冷冻时形成的冰晶可能影响蛋白质晶体的衍射质量。所以要使用防冻液来防止冰晶的形成，防冻液一般用甘油或小分子的 PEG 和糖类等。

（2）数据采集

数据收集的方法和仪器设备一样也是多样的，它们各有自身的特点。因此根据不同的对象和要达到的目标采用不同的数据收集方法，能达到事半功倍的效果。蛋白质晶体 X 射线衍射的数据收集主要有两种方式。一种是普通的阳极铜靶式光源，另一种是同步加速器辐射光源。前一种主要是在学校、公司等研究机构经常使用，能满足一般数据收集的需要。而后一种同步加速器辐射光源的光束细、稳定性强、波长范围大、能量高。它的光强度是阳极靶式的 100 倍以上，蛋白质晶体的分辨率也较阳极靶式的光源有明显提高，尤其是对分辨率低的晶体如蛋白质复合体、膜蛋白等。同步光源由于光束细，可以衍射较小的晶体，对于微小的晶体研究帮助很大。同时，同步光源大大缩短了数据收集时间。

（3）位相分析

蛋白质晶体 X 射线衍射所收集的数据中含有强度、位置的信息，但是没有位相的信息。所以在获得衍射数据后，要首先找到位相。主要有分子置换法、同型置换法和多波长非常规散射法等几种方法来解决位相的问题。

（4）模型的建立和优化

蛋白质结构解析是将 X 射线衍射的数据通过傅里叶转换计算成电子密度图谱，然后将通过位相分析获得的蛋白质结构模型放入电子云中，经过一系列的优化，通过比较模型和电子云的差别确定最终模型，获得蛋白质晶体的相位信息、找到相位后，使用如 CCP4、Phenix 等软件对蛋白质结构进行解析，使用 R 和 Rfree 因子等指标来监测结构解析过程和检测最终的蛋白质结构。残留项首先使用 PHENIX 自动构建，然后再用 COOT 软件手动进行构建。

8.1.2　蛋白质结构研究的其他方法

蛋白质结构解析除了应用最为广泛的 X 射线衍射技术，还有核磁共振波谱法（nuclear magnetic resonance spectroscopy，NMR）应用也极为广泛。两种方法具有互补性，X 射线衍射适用于可以形成适当晶体的蛋白质，而核磁共振波谱法的优势则在于部分无序小蛋白结构的研究。以溶液的形式获得高纯度的蛋白质后进行核磁共振，计算并验证结构。

1. 核磁共振波谱法

确定蛋白质的空间构象主要分为两大类：一类反映了角度的信息，另外一类反映了距离的信息。如果蛋白质分子间原子间可以测定足够多的角度和距离，就可以确定整个蛋白质分子的空间构象。大部分的蛋白质构象是通过同核、异核核欧沃豪斯效应谱（NOESY）的实验，经过计算的方法把核奥弗豪泽效应（NOE）交错峰转变为两个核的距离，NOE 距离是通过限制扭角来确定蛋白质结构。

目前，核磁共振技术已经成为结构生物学研究中重要的研究手段。在其发展短短的几十年间，核磁共振方法在研究生物大分子方面具备了特有的优势，如核磁共振研究的样品在检测时一般处于更接近其真实存在的生理环境中；并且一些柔性较大的蛋白质或者许多膜蛋白很难形成结晶，这时核磁共振可以用于解析结构。

2. 其他方法

现在主流的研究蛋白质三维结构的方法还是蛋白质晶体学和核磁共振方法，其中蛋白质结晶学更是其中的主流。但是还有很多比较特殊的蛋白质特别是高等动物如人类的某些关键复杂蛋白以及某些复合体还没有被攻克。所以逐渐衍生出来一些其他解析结构的方法如冷冻电镜三维重构技术、质谱技术和光谱技术等。

电镜三维重构技术是利用电子显微镜拍摄到的冷冻状态下的蛋白质样品图像，将其转换成计算机可分析的电子云图，再将蛋白质结构在电子云图上重组出来。虽然该技术目前能得到的蛋白质结构分辨率较低（通常在 10Å 以上）而不能给出精细的分子细节，但是非常适用于较难形成结晶的复杂蛋白如膜蛋白、病毒、蛋白质复合体等。

质谱法则主要是将气体分子经电子流轰击，把分子中的电子打掉一个使其呈带正电荷的分子离子，然后裂解成一系列碎片离子，再经过磁场使不同质荷比的正离子分离并记录强度，画出质谱图。质谱法可用于有机物或无机物的定性和定量分析、化合物的结构分析、同位素比的测定及固体表面的结构和组成的分析。用来测量质谱的仪器被称为质谱仪，一般可以分成 3 个部分：离子化器、质量分析器和检测器。为了较好地分离复杂的生物样品，质谱一般都和色谱联用，主要有液相色谱串联质谱法和气相色谱串联质谱法两种。液相色谱串联质谱法主要适用于蛋白质和多肽的分析测定。而气相色谱串联质谱法要求检测分子能被气化或者衍生后能够被气化，所以只适用于小分子（分子质量<1000Da）和易挥发的分子。在蛋白质组学研究中，蛋白质混合物首先要酶切成多肽，然后经液质联用分离鉴定，也可用液相色谱柱分离后，每一组分再酶切后用质谱鉴定。

8.2　黄曲霉中蛋白质结构与功能研究

黄曲霉中蛋白质的功能研究已经有大量报道，但是对于黄曲霉蛋白质的结构研究并不多。下面以本实验室刚刚开展的黄曲霉核苷二磷酸激酶 NDK 与组蛋白甲基转移酶 DOT 为例，简要介绍结构与功能的初步研究。

8.2.1　核苷二磷酸激酶

核苷二磷酸激酶（NDK）的研究最早可以追溯到 20 世纪 50 年代，该蛋白质是核苷酸代谢中的重要蛋白，是调控生物体正常生长和新陈代谢的重要蛋白之一。NDK 在维持细胞内的三磷酸核苷（NTP）水平发挥着重要作用，它主要通过 ATP 作为媒介催化高能磷酸键在 NTP 和核苷二磷酸（NDP）之间进行交换。在真菌研究方面，有研究表明敲除 ndk 基因后，酿酒酵母和裂殖酵母的营养生长、孢子形成、杂交等方面并没有受到影响。烟曲霉中 NDK 同源蛋白是 SwoHp，研究发现 SwoHp 是一个温度敏感因子，从实验结果分析，SwoHp 也仅是在极端的温控下对黄曲霉孢子的形态学生长有一定影响。

1. 黄曲霉核苷二磷酸激酶的序列

过去近 60 年的生化试验表明，NDK 具有催化磷酸基团在三磷核苷酸与二磷核苷酸之间的转移活性。将黄曲霉 NDK 的蛋白质序列和其他物种的 NDK 进行对比，发现 NDK 从细菌到人的生物体内普遍存在，并且高度保守（图 8-4）。在已经报道的 NDK 同源蛋白中，许多生物的核苷二磷酸激酶（NDK）使用 X 射线衍射已经成功得到三维结构，基本所有的 NDK 蛋白都具有约 150 个残基，并且都具有十分相似的 αβ 折叠方式。NDK 蛋白可以折叠成 βαββαβ 构象，主要以四聚体或者六聚体等低聚体形式出现，而所有的六聚体和四聚体 NDK 激酶由相同的二聚体构建，活性组氨酸的结构环境完全相同，核苷酸结合位点也十分保守。

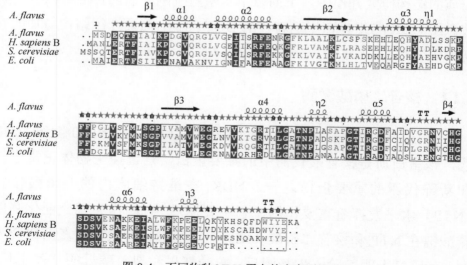

图 8-4　不同物种 NDK 蛋白的多序列比对

2. 黄曲霉 NDK 蛋白的表达纯化

使用黄曲霉 cDNA 为模板扩增 *ndk* 基因，随后将片段克隆到相应的表达载体中，测序之后使用测序正确的菌株进行诱导表达并使用镍柱纯化，得到纯净的 NDK 蛋白，并使用特定的蛋白酶切除 6×His 标签，并进一步纯化为不含 6×His 标签的纯净 NDK 蛋白（图 8-5）。

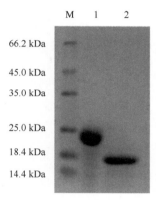

图 8-5　NDK 蛋白纯化

M. 蛋白 Marker；泳道 1. 使用镍柱纯化后含有 6×His 标签的 NDK 蛋白；
泳道 2. 不含 6×His 标签的 NDK 蛋白

将酶切后的蛋白质浓缩并使用分子筛进行进一步纯化（图 8-6）。可以观察到目的蛋白 NDK 在 9.01mL 的位置出峰，根据 Marker 显示大约为 70kDa，而目的蛋白切除 6×His 标签后大约为 17kDa，由此可见 NDK 蛋白在溶液中是以四聚体的低聚体形式存在的。

3. NDK 蛋白晶体筛选及优化

把 NDK 蛋白去除掉 6×His 标签后进行浓缩，浓缩到浓度大于 20mg/mL 之后，按 1∶1 的比例与相应结晶溶液混匀滴入坐滴孔中，16℃静置 7 天在显微镜下观察，其中图 8-7 为不同结晶试剂盒初筛后有晶体物质产生。

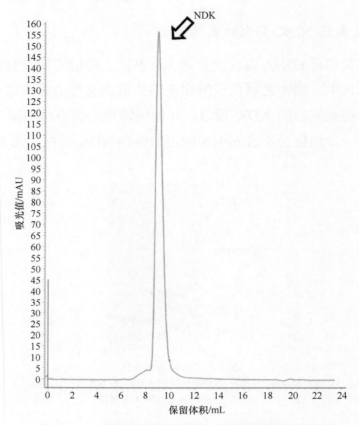

图 8-6 酶切后 NDK 蛋白分子筛纯化分析

图 8-7 NDK 蛋白结晶初筛结果（彩图请见二维码）

查询相应结晶试剂盒所在位置的成分，对成分微调进行进一步优化得到最适合衍射的晶体（图 8-8），所用坐滴液为 2.4mol/L sodium

citrate，100mmol/L HEPES，pH 7.5，16℃静置 3～5 天，可以得到 0.3mm ×
0.2mm × 0.2mm 大小的规则菱形晶体。

图 8-8　收集数据用的 NDK 蛋白晶体（彩图请见二维码）

4. NDK 蛋白晶体 X 衍射及数据收集

将 NDK 晶体放入含有 15%甘油的池液中，液氮冷冻保护送往上
海同步辐射中心进行衍射。结果显示，晶体具有良好的衍射能力，最
高分辨率有 2.40Å。晶体的具体衍射数据见表 8-1，衍射空间群为 C121，
晶格常数为 $a = 190.84$Å，$b = 169.47$Å，$c = 146.94$Å，晶格夹角为 $\alpha =
\beta = \gamma = 90°$，晶体完整度为 99.9%。并且得到的晶胞参数大于之前报道
的同源蛋白的数据，说明可能是多聚体。

表 8-1　NDK 晶体衍射数据收集

衍射光源	上海同步辐射生物大分子晶体学光束线/实验站
wavelength/Å	0.979 Å
temperature/K	100 K
detector	MAR345 CCD Detector
crystal-detector distance/mm	250 mm
space group	C121
a，b，c/Å	$a = 190.84$，$b = 169.47$，$c = 146.94$
α，β，γ/（°）	$\alpha = \beta = \gamma = 90$
resolution range/Å	33.6～2.4 Å
total No. of reflections	3 701 860

续表

衍射光源	上海同步辐射生物大分子晶体学光束线/实验站
No. of unique reflections	179 627
completeness/%	99.6（99.9）
redundancy（$I/\sigma(I)$）	3.6（3.5）
（$I/\sigma(I)$）	26.49（2.33）
rmerge/%	8.5（78.6）

本实验成功得到了黄曲霉 NDK 高纯度的蛋白质，并进行了结晶实验，收到分辨率为 2.4Å 的 NDK 蛋白晶体，并最终解析了黄曲霉 NDK 蛋白分子的晶体结构。通过解析相应蛋白质晶体的结构，分析该蛋白结合口袋的特征（图 8-9），可以为小分子药物抑制剂的开发提供帮助。

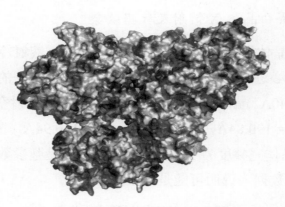

图 8-9　黄曲霉 NDK 蛋白的三维结构图

8.2.2　组蛋白甲基转移酶（DOT）

组蛋白甲基转移酶对于遗传物质具有重要的调控作用。组蛋白共价修饰的一种重要方式就是组蛋白的甲基化，在基因的表达过程中起到重要的调控作用，而赖氨酸甲基转移酶可以催化组蛋白上的赖氨酸使其发生甲基化从而调控生物体生长。

DOT 是一类新型的组蛋白赖氨酸甲基转移酶，在进行影响端粒沉

默的实验中发现,用酿酒酵母作为实验原料,进行多次筛选,发现 DOT
过量表达的情况下,端粒的沉默将会被干扰。研究人员对 DOT 的蛋
白序列和结构进行了分析,发现 DOT 和组蛋白精氨酸甲基化转移酶
在序列上存在着较大的差异,但在二级结构的比较中发现 DOT 具有
与组蛋白精氨酸甲基化转移酶相同的结构域,因此可以推测 DOT 也
是一种组蛋白甲基转移酶。赖氨酸甲基转移酶通过组蛋白甲基化对遗
传物质具有重要的调控作用,组蛋白甲基化在异染色质形成、基因印
记、X 染色体失活和转录调控等方面发挥着重要的作用,与细胞的免
疫、衰老等生理病理过程密切联系。

1. 黄曲霉甲基转移酶 DOT 蛋白的表达纯化

使用黄曲霉 cDNA 为模板扩增 dot 目的片段,克隆到相应的表达
载体中,测序之后进行诱导表达,并使用镍柱纯化。而图 8-10 为使用
镍柱纯化得到的 DOT 蛋白和蛋白酶切除 6×His 标签并进一步纯化为
不含 6×His 标签的纯净 DOT 蛋白。

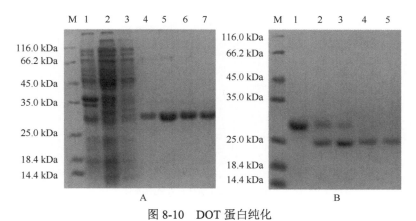

图 8-10　DOT 蛋白纯化

A. DOT 蛋白经过镍柱纯化后的电泳图。M. 蛋白 Marker；泳道 1. 上清液；泳道 2. 沉淀；泳道 3. 流过液；
泳道 4、5. 50mmol/L 咪唑洗脱液；泳道 6、7. 300mmol/L 咪唑洗脱液；

B. 纯化后的不含 Hig-tag 的 DOT 蛋白（除去 6 个组氨酸标签）。M. 蛋白 Marker；泳道 1. 未去除标签的 DOT
蛋白对照；泳道 2. 流过液；泳道 3. 不含咪唑洗脱液；泳道 4. 20mmol/L 咪唑洗脱液；泳道 5. 100mmol/L 咪唑
洗脱液

　　将酶切后的蛋白质浓缩并使用分子筛进行进一步纯化（图 8-11）。DOT 在溶液中具有两种聚集状态，我们选取 8mL 处相对较多量的单一聚集状态。

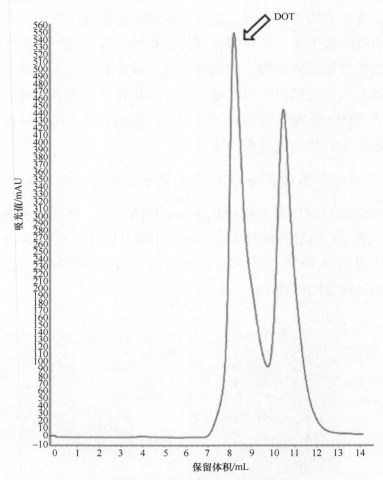

图 8-11　酶切后 DOT 蛋白分子筛纯化分析

2. DOT 蛋白晶体筛选及优化

　　把 DOT 蛋白去除掉 6×His 标签后进行浓缩，浓缩到大于 20mg/mL 之后，按 1∶1 的比例与相应坐滴液混匀滴入坐滴池中 16℃ 静置 7 天在显微镜下观察，图 8-12 则是使用结晶试剂盒得到的 DOT 蛋白晶体的一种初筛结果。

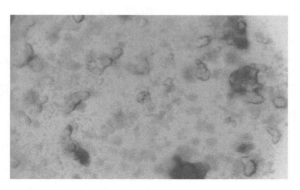

图 8-12　DOT 蛋白结晶初筛结果（彩图请见二维码）

查询相应结晶试剂盒所在位置的成分，对成分微调进一步优化得到最适合衍射的晶体，图 8-13 为 DOT 蛋白经过成分微调之后进一步优化得到的一种晶体。

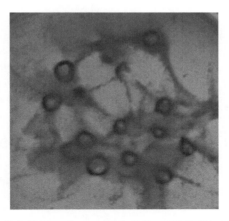

图 8-13　收集数据用的 DOT 蛋白晶体（彩图请见二维码）

本实验成功得到了黄曲霉组蛋白甲基转移酶 DOT 的高纯度蛋白并获得了优化后适于衍射的蛋白晶体。通过解析相应蛋白质晶体的结构，分析该蛋白质与抑制剂相互作用位点，完善该蛋白质影响黄曲霉生长的调控机制，为开发新型的抑制剂提供帮助。

本研究解析出的晶体结构可以为分析 NDK 蛋白、DOT 蛋白与抑制剂的相互作用提供进一步的信息，有利于筛选针对黄曲霉 NDK 蛋白和 DOT 蛋白的抑制剂，设计和改造相应小分子抑制剂并测定对 NDK 蛋白、DOT 蛋白的抑制能力。并通过结合分子生物学、生物化学和分子遗传学等学科进一步研究 NDK 和 DOT 对黄曲霉生长发育和毒素产生调控的分子机制，为制订更加完善的黄曲霉防控工作提供可靠的结构基础和理论依据。

第9章　黄曲霉和黄曲霉毒素的
检测与防控

黄曲霉作为植物病原菌可以在采前、采中和采后侵染多种植物，黄曲霉在侵染植物后引起的最大危害是其产生的强致癌性化合物黄曲霉毒素污染了农作物、食品和饲料，从而给人类的生命和财产造成威胁。黄曲霉和黄曲霉毒素的监测与控制尤为重要，因此建立黄曲霉和黄曲霉毒素检测方法，并制订相应的防控策略是黄曲霉防控的重中之重。

9.1　黄曲霉与黄曲霉毒素的检测

黄曲霉和黄曲霉毒素广泛存在于人们生活的各个地方，鉴于黄曲霉毒素对人类生命和财产安全造成的巨大危害，在日常生活中如何避免黄曲霉尤其是黄曲霉毒素对人们造成的伤害，成为摆在世界各国政府及科学家面前的棘手问题。近年来，随着生物、化学、物理等各个学科的快速发展，黄曲霉和黄曲霉毒素的检测方法日益成熟。

9.1.1　黄曲霉毒素的检测方法

黄曲霉毒素（aflatoxin，AF）是自然界分布极为广泛的一类毒性超强的化合物，也是目前公认的最强的致癌物质。受黄曲霉毒素污染的农产品严重威胁消费者身体健康与生命安全。为了保障农产品质量安全，世界各国制定了严格的标准，对黄曲霉毒素检测方法的要求也越来越高。因此，开发了大量的黄曲霉毒素检测方法。

1. 生物检测法

在早期检测技术比较落后的条件下，生物检测法是人们用来检测样品中 AFB1 的常用方法，生物检测方法主要包括雏鸭法、植物和微生物鉴定法、水生动物鉴定法、豚鼠鉴定法和组织培养法等。其中，雏鸭法是人们常用的方法，其原理是雏鸭胆管上皮细胞异常增生的程度与给予 AFB1 的量存在一定的相关性。实验结束时，取出雏鸭的一块肝组织，经组织学观察，并根据胆管上皮细胞异常增生的程度进行分级，以此来判断样品中 AFB1 含量。

此方法不具有专一性，因为其他有毒物质同样也能引起类似的反应特征，所以此方法在很多情况下要和其他方法配合使用（如薄层色谱法）才能进一步确定样品中是否含有 AFB1 及其含量的多少。生物鉴定法存在的共同缺点就是专一性不强、灵敏度不高。但很多有毒性的物质我们不能确定其属性和化学结构时，或者该有毒物质中混有少量的杂质时，用生物学鉴定方法影响就不太大。

2. 化学分析法

化学分析法在黄曲霉毒素的检测中经常用到，也比较实用，目前常用的有薄层色谱法和溴化荧光光度法。

（1）薄层色谱法

薄层色谱法（thin-layer chromatography，TLC），又被称为薄层层析法，亦是色谱分析的一种，是快速分离和定性分析少量物质的一种重要方法。同样，TLC 法亦是检测样品中 AFB1 的一种重要手段和方法。美国分析化学家协会（AOAC）将 TLC 法列为 AFB1 的一种标准检测方法，该方法既具有提取分离的功能，又具有定性、定量和半定量分析的功能。AFB1 在紫外线（360nm）照射条件下可发出蓝色荧光，据此，可将标准浓度的 AFB1 毒素和经分离提取的样品中的 AFB1 同时进行 TLC，依据标准浓度 AFB1 的荧光强度计算出样品中 AFB1 的含量。这种方法比较简便，目前还有很多地方采用这种方法对少量物质进行定性和定量分析。但是这种方法需要对样品进行前处理，并对检测物质进行分离、提取，有时还需要高纯度提取。图 9-1 是一张黄曲霉毒素的 TLC 结果图。

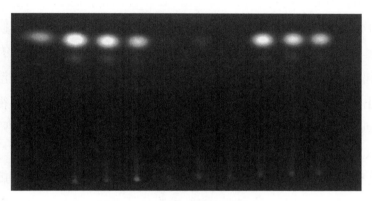

图 9-1　TLC 检测黄曲霉毒素结果

（2）溴化荧光光度法

溴化荧光光度法，依据毒素的荧光吸收度和硫酸喹啉液的吸收度对比，可直接换算成黄曲霉毒素的总量。原理就是将待测样品用固相分离柱进行前处理，纯化好的提取液用溴试剂衍生化，最后用荧光检测计测定。目前，有公司开发了荧光光度计可直接测定黄曲霉毒素的含量，且该仪器价格也比较低。该方法具有无须 AF 标准品、快速、灵敏和适合大量样品的普查等优点。但溴化荧光光度法在测定中药时，发现有假阳性结果出现。

3. 仪器检测法

目前实验条件下，常用来检测黄曲霉毒素的仪器方法是：高效液相色谱法（HPLC）、液相色谱-质谱（LC-MS）及其他以仪器为主的复合方法。

（1）高效液相色谱法

高效液相色谱法（HPLC）是目前实验室检测 AFB1 含量应用最为普遍、可信度最高的一种检测方法，也是人们最容易接受的方法之一。该技术可实现数据分析自动化，具有分析省工省时省力的优点。最初采用的 HPLC 是正相的，即 NP-HPLC，采用紫外发光检测系统对 AF 进行定量分析，但是这种检测方法灵敏度不高，很多时候不能满足检测者的需要。黄曲霉毒素是一个大家族，是由结构相似的 20 多种毒素共同组成，每种毒素具有不同的物理化学性质，在一种溶剂中能够呈现出强荧光特性的毒素，在另外一种溶剂中其荧光特性很可能就会消失或极其微弱以至于检测器无法捕捉到荧光信号。例如，在 NP-HPLC 系统中，当流动相中含有三氯甲烷或二氯甲烷时，只有 G1 和 G2 具有强的荧光信号，而 B1 和 B2 荧光特性就消失，这就无法保证检测的准确度。基于这种检测方法的局限性，有人提出把紫外检测和荧光检测两种手段结合起来，如此一来，就可以消除或降低由外界因素引起的荧光猝灭效应，可以同时检测出样品中不同的黄曲霉毒素的含量。据报道，在 HPLC 检测系统的流动相中添加适量的有机酸可提高 AFB1 和 AFB2 两种毒素的荧光效应。反相柱 HPLC（RP-HPLC）和 NP-HPLC 的填充材料不同，在检测过程中不同的黄曲霉毒素其荧光强度也有很大不同。

随着材料技术的不断发展，RP-HPLC 填充柱不断更新换代，新材料柱的出现和应用使得检测灵敏度更高。目前，在实验室中最流行的 C_{18} 也是让洗脱液先经过紫外检测仪测定，继而进入荧光检测仪中继续进行测定，如此一来，同一台检测仪就可以检测到不同的黄曲霉毒素。RP-HPLC 使用含水的流动相时，可降低使用有机溶剂带来的高成本。目前，发展较新的 HPLC 方法有 3 种：柱后溴衍生化荧光检测法、柱后碘衍生化荧光检测法及三氟乙酸柱前衍生化荧光检测法。欧美等国家和地区的科学家亦联合认证了免疫亲和柱净化-HPLC 柱后碘衍生化荧光检测法检测了诸如花生、玉米等中的黄曲霉毒素，该方法已被美国分析化学家协会（AOAC）认定为一种新的测定方法。图 9-2 是我们检测 *bioC* 基因敲除突变体的 AF 产量的 HPLC 结果。

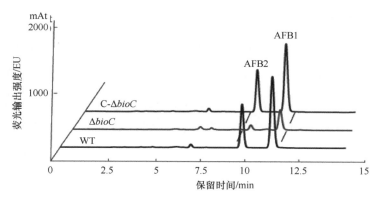

图 9-2　HPLC 检测黄曲霉毒素

WT 为野生黄曲霉；Δ*bioC* 和 C-Δ*bioC* 分别为 *bioC* 基因的敲除和互补菌株

但是该分析方法需要有标准品作为对照，这就在很大程度上提高了检测成本。并且，该分析方法需要样品纯度较高，这就需要对样品进行前处理，包括提取、分离、纯化等手段。这也大大增加了分析成本，并且耗时。

（2）液相色谱-质谱联用法（HPLC-MS）

质谱检测（mass spectrometry，MS）是在液相色谱基础上发展起来的具有更高灵敏度的检测方法。质谱检测时先将化合物的分子离子化，然后不同荷质比的分子离子和碎片离子在电场和磁场作用下得以分离，以此来分析未知物。质谱检测（MS）特异性强、灵敏度高，将液相色谱与质谱联用，可大大提高其灵敏度和可靠性，当用液相色谱-质谱联用法检测黄曲霉毒素时避免了液相色谱法检测时所需的衍生化反应。因此，该方法得以广泛应用。目前，检测黄曲霉毒素的质谱离子源包括电喷雾离子源和大气压力化学电离源，常用质量分析器有单四级杆、三重四级杆和离子阱等。常见的质谱联用方法有液相色谱-质谱联用（LC-MS）和高效液相色谱-质谱-质谱联用（LC-MS/MS）等。LC-MS 分析对样品的要求比较高，因此针对不同的样品，使用时需结合不同的提取纯化方法。

（3）气相色谱-质谱联用法

气相色谱法对毒素的检测一般是先对真菌毒素进行分离，再使用质谱或经氟酰基化试剂衍生后，用电子捕获检测器来进行检测。由于大多数真菌毒素对热不稳定，气相色谱法分析的毒素种类有限，目前主要用来检测某些含多种毒素的粮食，如含黄曲霉毒素和单端孢霉烯族化合物等。

4. 免疫检测法

免疫反应，通常指的就是抗原抗体分子的特异性结合反应。存在于抗原表面的抗原决定簇是决定这种特异性的关键所在，特异性抗体和这种外来物表面的抗原决定簇发生特异的反应，从而检测样品中的待测物。这种方法具有高度的特异性。

（1）酶联免疫吸附法（ELISA）

酶联免疫吸附法（ELISA）是基于免疫学、酶学和生化技术建立的一种方法，基本原理是抗原与抗体特异性结合。不管是单克隆抗体还是多克隆抗体，或是单链抗体都能利用 ELISA 方法检测相应的抗原分子，因此 ELISA 检测方法多种多样。该方法操作简便、快速，并可一次对大批量样本进行检测，因此适用于一般实验室、检测室和医院。很多国家将 ELISA 法定为检测黄曲霉毒素的标准方法，我国检测饲料中黄曲霉毒素的标准方法就是 ELISA 法，参见 GB/T 17480—2008《饲料中黄曲霉毒素 B1 的测定—酶联免疫吸附法》，该标准方法的检出限为 0.1μg/kg。目前，市场上早就出现了基于 ELISA 反应原理的检测试剂盒，这种检测试剂盒的灵敏度在不断提高，并且基于 ELISA 的试剂盒已经进入到寻常百姓家里。但 ELISA 法也存在一些缺点，如假阳性率高、对保存条件要求高、易受反应条件影响等。

（2）放射免疫法

放射免疫测定技术（radioimmuno assay，RIA）和 ELSA 法的原理相同，二者的区别在于所用的标记物不同。RIA 法和 ELISA 法中使用的标记物分别为放射性元素和酶，前者通常使用的标记物为氚（^3H）。该方法首先将用 ^3H 标记的靶标毒素与待测样品混合，然后加入抗体进行反应，除去未结合部分后测定其放射性，放射性弱表明样品中毒素含量高。另外，利用 RIA 法检测时需要特殊设备，检测过程中有放射性污染，因此该方法已经很少使用。

（3）时间分辨荧光免疫分析法

时间分辨荧光免疫分析法（time-resolved fluoroimmunoassay，TRFIA）是和 ELISA 原理相同的一种超微量检测方法。该方法使用三价稀土离子（如 Eu^{3+}、Tb^{3+}、Sm^{3+}、Dy^{3+}）作为示踪物，首先让稀土离子与螯合剂及抗原形成稀土离子-螯合剂-抗原螯合物，当标记抗原、待测抗原共同竞争抗体形成免疫复合物时，将结合部分与游离部分分开，最后使用时间分辨荧光分析仪测定复合物荧光强度，从而确定待测抗原的量。目前，AFB1-TRFIA 法是最灵敏的方法，且使用范围广。但是该方法也存在样品前期处理要求高和需要室内仪器等问题。

（4）荧光偏振免疫测定法

荧光偏振免疫测定法是在样品缓冲液中将荧光标记的毒素与未标记的毒素混合，加入特异性抗体让二者竞争结合，然后通过荧光偏振值大小来检测毒素含量。分子质量越大时则分子旋转速度越慢，从而导致荧光偏振值就越大。

（5）胶体金免疫层析法

免疫层析法是基于抗原与抗体之间的特异性反应原理，以标记材料作为显色媒介，通过层析来完成目标物的检测。其中应用最为广泛的方法是胶体金免疫层析法，该方法以胶体金为标记材料，结合胶体金标记技术、免疫分析技术和层析技术来完成检测。胶体金免疫层析技术不仅操作简单、无须仪器设备，而且能够在短时间内对样品进行定性或半定量分析。因此该方法不仅适用于实验室，而且适合进行现场检测和大量样品的初筛。研究者在用胶体金免疫层析技术检测食品中 AFB1 时，发现其具有检测灵敏度高、重复性好和省时省力等优点。

（6）胶体金免疫渗滤法

除胶体金免疫层析检测方法外，还有一种胶体金作为标记材料的免疫测定技术，即胶体金免疫渗滤分析。二者的区别在于流动方式不同，胶体金免疫渗滤分析通过垂直穿透固定有配体的硝酸纤维素膜来完成。目前，黄曲霉毒素检测的应用中仅见一例检测 AFB1 的报道。

（7）免疫传感器分析技术

免疫传感器（immunosensor）由生物识别元件和信号转换元件组成。免疫传感器分析技术将免疫学中抗原抗体特异性结合的反应和具有高灵敏度的传感技术结合起来，从而监测抗原抗体结合反应的情况。与传统免疫分析方法相比，免疫传感器技术具有灵敏度高、精确性好、特异性强、操作简便和检测范围广等优点，现已广泛应用于食品检测和环境监测等领域。黄曲霉毒素检测中比较常见的传感器包括电化学免疫传感器、光学免疫传感器和压电免疫传感器。电化学免疫传感器通过电化学信号来检测目标物，其检测黄曲霉毒素的模式有竞争和非竞争两种。光学免疫传感器检测黄曲霉毒素时利用的是表面等离子体共振（SPR）技术，当含有黄曲霉毒素的样品流过有特异性抗体的表面时，黄曲霉毒素会被抗体捕捉而引起金膜表面折射率的变化，从而导致 SPR 角变化。SPR 角随着检测毒素的量变化呈线性变化，以此来检测毒素含量。压电免疫传感器是以质量作为传感信号，以金的纳米颗粒作为"重量标签"的信号增强系统。

（8）结合仪器的复合检测法

随着研究的不断深入，出现了一些将仪器检测技术和免疫技术结合的新方法。目前，黄曲霉毒素检测主要是将免疫亲和柱和 HPLC、荧光分光光度计和层析技术相结合等。

9.1.2　黄曲霉的检测方法

黄曲霉产生的黄曲霉毒素致癌性极强，且污染广泛、难以去除。控制毒素污染的有效方式之一就是对黄曲霉毒素产毒菌源头进行监控。产毒菌的传统检测方法是以黄曲霉毒素的理化性质为依据，利用鉴别培养基的方法来区别产毒菌和非产毒菌，包括产黄色色素法、氨蒸汽法和紫外荧光法等。产黄色色素法和氨蒸汽法易受菌落颜色的影响，导致主观影响大和误判率高，因此现在较少采用。目前，实际中使用最多的是紫外荧光法。同时分子生物学和免疫学方法的不断发展，也产生了很多新的检测方法。

1. 紫外荧光法

目前实际使用最多的是紫外荧光法，然而由氧杂萘邻酮产生的黄曲霉毒素自然荧光在普通培养基上仅能看到极弱的荧光甚至很难看到荧光。因此，为了提高产毒菌的鉴定效率，在鉴定培养基中添加环糊精及其甲基化产物或其他的一些荧光增强剂来增强黄曲霉毒素荧光。β-环糊精及其甲基化衍生物的空穴与 AFB1 和 AFG1 形成包含复合物从而激发荧光，因此黄曲霉毒素产毒菌在添加了甲基化 β-环糊精的沙氏葡萄糖琼脂培养基和酵母提取物琼脂培养基上培养时，在紫外线下可观察到产毒菌菌斑周围有明亮的蓝色或蓝绿色荧光，从而鉴别出产毒菌。尽管黄曲霉毒素荧光检测法的误判率较低，但依然存在问题，如受主观影响、其检测周期长达 5～10 天、费时费力等，难以满足食品和饲料行业的低量快速检测的需求。

2. 分子生物学方法

分子生物学技术的迅速发展为黄曲霉毒素产毒菌株的检测带来了新的机遇，其中 PCR 技术广泛应用于微生物的检测。研究者将 PCR 技术用于黄曲霉的检测，利用特异基因设计引物，采用巢式 PCR 方法或者多重 PCR 技术方法检测产毒菌株。荧光定量 PCR 法也用于产毒菌的检测，研究者建立了 Taqman 荧光定量 PCR 用于检测花生中黄曲霉的方法。该方法灵敏度极高，可用于一个孢子的检测。另外，将 PCR 和 RFLP 技术相结合，利用 PCR-RFLP 方法可快速鉴别黄曲霉菌株产毒与否。

3. 免疫技术

基于高特异性的免疫技术与快速灵敏的现代传感技术，建立了一些新的黄曲霉毒素产毒菌的检测方法。研究者将酶联免疫法用于牛奶中黄曲霉毒素产毒菌的检测，该方法能在霉菌肉眼不可见时检测乳制品中的产毒菌。研究者还建立了双夹心 ELISA 方法，用于黄曲霉与寄生曲霉的检测。扩增物聚合酶链反应-酶免疫法（PCR-EIA）能够特异且高灵敏地检测黄曲霉、烟曲霉、构巢曲霉、黑曲霉、土曲霉和杂色曲霉等。

4. 其他检测方法

还有很多其他的方法也陆续应用于黄曲霉的检测，如利用已功能化修饰的 G 蛋白和碳纳米管场效应晶体管来检测碾米中产毒的黄曲霉，该方法具有省时、灵敏和特异性强等优点。研究者还基于 *aflR* 基因，建立了检测黄曲霉毒素产毒菌的 DNA 传感器，但其检测灵敏度较低。基于 *nor-1* 基因，建立了 DNA 压电传感器检测黄曲霉和寄生曲霉产毒菌的方法，该方法可用于储存期玉米、大麦和大豆等农作物中产毒菌含量的检测。

9.2　黄曲霉毒素的检出标准

由于黄曲霉毒素广泛存在于农产品及食品中，目前缺乏行之有效的防治和去毒方法，因此制定严格的限量标准对保障人民消费安全、加强规范生产管理以及国际贸易安全都有很重要的意义。从 1966 年世界卫生组织（WHO）/联合国粮食及农业组织（FAO）首次规定食品中黄曲霉毒素最高允许量以来，世界各国也相继规定了黄曲霉毒素的限量标准，且随着科技的发展和人民生活水平的日益提高，限量标准也愈加严格。

我国卫生和计划生育委员会也颁发了各类农产品及食品中的黄曲霉毒素限量标准（表 9-1）。我国颁布的标准尽管经过多次修订，对花生、花生仁、花生油等产品中 AFB1 含量的限量要求低于 20μg/kg，但是相对于国际上主要花生进出口国家及地区，尤其是我国主要花生

表 9-1　我国主要食物中黄曲霉毒素检测标准

样品	允许检出量/（μg/kg）
花生、花生仁、花生油	AFB1≤20
玉米及其制品	AFB1≤20
大米及其他食用油	AFB1≤10
其他粮食、豆类及发酵类食品	AFB1≤5
酱油、醋等调味品	AFB1≤5
婴儿代乳产品	不得检出
牛乳及其制品	AFB1≤0.05

出口国所制定的限量标准，如欧盟、日本等，仍然明显偏高，因此屡遭技术性贸易壁垒，造成巨大贸易损失。世界各国也对乳及乳制品中的 AFM1 制定了严格的限量标准，如表 9-2 所示。

表 9-2　世界主要食物中黄曲霉毒素检测标准

国别（地区）	黄曲霉毒素种类	检出限量/（µg/kg）
国家食品法典（CAC）	B1+B2+G1+G2	15
阿根廷	B1/（B1+B2+G1+G2）	5/20
澳大利亚	B1+B2+G1+G2	15
巴西	B1/（B1+B2+G1+G2）	5/10
加拿大	B1+B2+G1+G2	15
中国	B1	20
古巴	B1+B2+G1+G2	5
捷克	B1/（B1+B2+G1+G2）	5/10
丹麦	B1/（B1+B2+G1+G2）	2/4
埃及	B1/（B1+B2+G1+G2）	5/10
欧盟	B1/（B1+B2+G1+G2）	2/4
芬兰	B1+B2+G1+G2	5
中国香港	B1+B2+G1+G2	20
匈牙利	B1+B2+G1+G2	5
印度	B1	30
以色列	B1/（B1+B2+G1+G2）	5/15
日本	B1	10
墨西哥	B1+B2+G1+G2	20
新西兰	B1+B2+G1+G2	15
挪威	B1+B2+G1+G2	5
秘鲁	B1+B2+G1+G2	10
菲律宾	B1+B2+G1+G2	20
波兰	B1	0
瑞士	B1/（B1+B2+G1+G2）	2/5
美国	B1+B2+G1+G2	20

9.3　黄曲霉与黄曲霉毒素的防控措施

黄曲霉能污染许多农作物，如玉米、花生、大豆、棉籽和高粱等，其中花生和玉米最易受黄曲霉污染。花生和玉米不仅是人类的食物来源，同时也是畜牧养殖业中重要的蛋白质饲料，饲料的污染容易造成肉类、乳制品、水产品等农副产品的黄曲霉污染，严重影响人类的饮食健康。因此，预防与控制黄曲霉和黄曲霉毒素对农作物的污染尤为重要。

9.3.1　黄曲霉的防控

国内外众多学者通过防控黄曲霉来达到间接控制黄曲霉毒素，主要包括选用抗病品种、加强田间管理、作物收获前的防控和收获后的防控等。

1. 培育和栽培抗病品种

培育并种植抗黄曲霉的作物品种是防控黄曲霉侵染和 AF 污染的有效方法之一，然而到目前为止，国际上应用于生产的抗黄曲霉品种还很少。提高作物的抗旱性、抗病性和抗虫性，可以有效降低收获前 AF 污染程度。但是迄今发掘和培育的抗黄曲霉花生品种还不足以完全克服 AF 污染。

2. 加强田间管理

病害的发生受周围环境影响较大，因此可以通过控制田间的环境来减少黄曲霉对作物的侵染。由于黄曲霉可以以腐生的生活方式在土壤中越冬，因此要用石灰、硫酸铜等对土壤进行消毒处理，消灭土壤中的病菌，降低作物在生育期内直接被土壤黄曲霉侵染的机会。选择地力较好的田地以及轮作均可减少感病概率。种植时，粮谷作物、薯类作物和油料作物实行轮作。害虫也会对黄曲霉感染有很大的影响，因此要及时除虫降低感病的机会。中耕、除草、施肥等田间作业时要科学合理，减少物理损伤的出现。

3. 作物收获前的防控

谷物黄曲霉毒素的污染程度取决于物理因素（水分、温度、机械损伤等）、化学因素（二氧化碳、氧气、杀菌剂等）和生物学因素（作物品种、应激、真菌孢子量等）。水分和温度是影响霉菌产生霉菌毒素最重要的因素。收获前或收获期间受降雨影响，会发生严重的 AF 污染。玉米吐丝期间降雨量加大会增加 AF 污染程度，花生在花生壳成熟期间遭受雨淋易受黄曲霉感染。在作物收获前，实施良好的作物栽培管理可预防霉菌感染及霉菌毒素生成，如正确筛选杂交玉米、不要高密度播种、平衡施肥、避免延缓收割等。在田间使用杀真菌剂可减少霉菌生长，进而降低霉菌毒素生成。

4. 作物收获后的防控

谷物收获可能会遭到真菌和昆虫侵扰，危害作用与气候条件、地理位置、储存容器以及谷物处理等有关。谷物局部温度偏高可能成为霉菌生长的适宜条件，储存谷物的微生物和昆虫生长也会为霉菌生长和霉菌毒素产生创造有利条件。因此，有必要加强储存期间谷物水分和温度的控制，预防黄曲霉和黄曲霉毒素的产生。收获后，谷物霉变的防控方法有：缩短谷物收获和干燥时间间隔、有效清理谷物、将谷物水分含量控制在较低条件、对储存仓进行卫生管理、消灭昆虫、运输具有明确可追溯性等。

9.3.2 黄曲霉毒素的脱毒与防控

黄曲霉毒素的脱毒方法大体上分为两类，即物理化学法和生物防治法，具体方法如下所述。

1. 物理化学法

为了降低饲料和食品中 AF 的毒害作用，许多学者采用物理方法

（机械分离、高温失活、吸附剂等）和化学方法（氨化、氢氧化钠、臭氧等）进行了 AF 脱毒研究。高温失活和 γ 射线处理等方法实际操作烦琐，氨化和氢氧化钠等方法污染环境、处理成本高、耗时长等，难以大规模推广；而对饲料中添加霉菌毒素吸附剂进行了广泛研究，使用方便和市场化程度高是其最大的特点。

2. 生物防治法

生物防治是用微生物或其代谢产物去除黄曲霉毒素。由于该法具有无污染、不影响处理对象的营养价值，以及可以避免其他毒素的产生等优点，近年来成为黄曲霉毒素脱毒的研究热点。基于微生物之间竞争机制的原理，筛选对产 AF 有抑制作用的微生物作为拮抗菌，来预防黄曲霉毒素污染是第一类重要的方法。研究者将不产毒的寄生曲霉菌株播撒在花生地里时可以将花生中黄曲霉毒素含量降低 80%以上；接种量越高，抑制效果越明显，且在接种 2 年后仍有作用。利用微生物吸附黄曲霉毒素是第二类 AF 去毒的重要方法。这类微生物与黄曲霉毒素形成复合体，导致其对机体的吸附能力减弱，从而易与黄曲霉毒素一起排出体外，减少了黄曲霉毒素的污染。此外，利用解毒酶降解黄曲霉毒素也是一种很好的方法,可以直接将黄曲霉毒素降解。

参 考 文 献

波恩, 魏西希, 刘振明, 等. 2009. 结构生物信息学: Structural bioinformatics[M]. 北京: 化学工业出版社.

成炜. 2008. 黄曲霉毒素 B1 金标免疫斑点检测方法研究[D]. 华中农业大学硕士学位论文.

程广龙, 杨永新, 赵辉玲, 等. 2012. 黄曲霉毒素对奶牛生产的危害及其控制措施[J]. 中国草食动物, 32(3): 79-81.

管笛. 2011. 黄曲霉毒素 M1 单克隆抗体及检测技术研究[D]. 中国农业科学院.

韩小敏. 2016. 我国 94 份玉米饲料原料中真菌及其毒素污染状况调查[J]. 中华预防医学杂志, 50(10): 907-911.

黄飚, 陶文沂, 张莲芬, 等. 2006. 黄曲霉毒素 B1 的高灵敏时间分辨荧光免疫分析[J]. 核技术, 29(4): 295-300.

黄飚, 张珏, 马智鸿, 等. 2009. 用双标记时间分辨荧光免疫法同时检测黄曲霉毒素 B1 和赭曲霉毒素 A[J]. 卫生研究, 38(4): 385-388.

黄建锋, 姜侃, 刘鹏鹏, 等. 2016. 我国主要食品中黄曲霉毒素 B1 的调查分析[J]. 食品工业, 3: 295-297.

惠特福德. 2008. 蛋白质结构与功能[M]. 北京: 科学出版社.

霍群, 蔡豪斌. 2003. 电化学免疫传感器[J]. 临床检验杂志, 21(3): 181-182.

焦炳华, 谢正砀. 2000. 现代微生物毒素学[M]. 福州: 福建科学技术出版社.

劳文艳, 林素珍. 2011. 黄曲霉毒素对食品的污染及危害[J]. 北京联合大学学报: 自然科学版, 25(1): 64-69.

李娟. 2009. 2009 年中国十二省花生黄曲霉毒素污染调查及脱毒技术研究[D]. 湖北大学硕士学位论文.

刘畅, 刘阳, 邢福国. 2010. 黄曲霉毒素生物学脱毒方法研究进展[J]. 食品科技, (5): 290-293.

刘飞, 靳飞, 翟晓巧, 等. 2007. 组蛋白甲基化和去甲基化研究进展[J]. 中国农学通报, 23(2): 56-59.

秦文彦. 2007. 潜藏性产黄曲霉毒素真菌的多重 PCR 检测体系构建及真菌 DNA 提

取技术的改进[D]. 浙江大学硕士学位论文.

汪世华. 2008. 蛋白质工程[M]. 北京: 科学出版社.

王后苗, 廖伯寿. 2012. 农作物收获前黄曲霉毒素污染与控制措施[J]. 作物学报, 38(1): 1-9.

王文斌, 王金胜, 邓西平, 等. 2011. 植物核苷二磷酸激酶(NDPKs)研究进展[J]. 农学学报, 01(6): 1-5.

魏丹丹, 周露, 张初署, 等. 2014. 不产毒黄曲霉对产毒黄曲霉菌产毒抑制效果分析[J]. 现代食品科技, 30(6): 92-97.

夏佑林. 1999. 生物大分子多维核磁共振[M]. 合肥: 中国科学技术大学出版社.

肖宁, 程金科. 2015. 蛋白质 SUMO 化修饰及其调控[J]. 生命的化学, 35(2): 183-187.

谢红梅. 2008. 虾受 AFB1 污染情况调查及产 AF 菌检测技术的初步研究[D]. 中山大学硕士学位论文.

谢庆, 常文环, 刘国华, 等. 2014. 黄曲霉毒素对家禽的危害与脱毒技术[J]. 动物营养学报, 26(12): 3572-3578.

徐龙勇, 陈德桂. 2010. 组蛋白去甲基化酶研究进展[J]. 生命科学, 2: 109-114.

许永青, 曾广腾, 钟阿勇. 2010. 小泛素相关修饰物 SUMO 的研究进展[J]. 安徽农业科学, 38(2): 934-936.

阎隆飞. 1999. 蛋白质分子结构[M]. 北京: 清华大学出版社.

周锐, 廖国建, 胡昌华. 2011. 丝状真菌次级代谢产物生物合成的表观遗传调控[J]. 生物工程学报, 27(8): 1142-1148.

朱淮武. 2005. 有机分子结构波谱解析[M]. 北京: 化学工业出版社.

Abdel H A, Carter D, Magan N, et al. 2010. Temporal monitoring of the nor-1(aflD) gene of *Aspergillus flavus* in relation to aflatoxin B1 production during storage of peanuts under different water activity levels[J]. Journal of Applied Microbiology, 109(6): 1914-1922.

Abdel-Hadi A, Schmidt-Heydt M, Parra R, et al. 2012. A systems approach to model the relationship between aflatoxin gene cluster expression, environmental factors, growth and toxin production by *Aspergillus flavus*[J]. Journal of the Royal Society Interface, 9: 757-767.

Abdin M Z, Ahmad M M, Javed S. 2010. Advances in molecular detection of *Aspergillus*: an update[J]. Archives of Microbiology, 192(6): 409-425.

Adams T H, Wieser J K, Yu J H, et al. 1998. Asexual sporulation in *Aspergillus nidulans*[J]. Microbiology and Molecular Biology Reviews, 62(1): 35-54.

Alkahyyat F, Ni M, Kim S C, et al. 2015. The WOPR domain protein OsaA orchestrates development in *Aspergillus nidulans*[J]. PloS One, 10(9): e0137554.

Amaike S, Keller N P. 2009. Distinct roles for VeA and LaeA in development and pathogenesis of *Aspergillus flavus*[J]. Eukaryotic Cell, 8(7): 1051-1060.

Amaike S, Keller N P. 2011. *Aspergillus flavus*[J]. Annual Review of Phytopathology, 49(49): 107-133.

Amare M G, Keller N P. 2014. Molecular mechanisms of *Aspergillus flavus* secondary metabolism and development[J]. Fungal Genetics and Biology, 66: 11-18.

Amoutzias G D, Veron A S, Robinson-Rechavi M, et al. 2007. One billion years of bZIP transcription factor evolution: conservation and change in dimerization and DNA-binding site specificity[J]. Molecular Biology and Evolution, 24(3): 827-835.

Andrews B J, Donoviel M S. 1995. A heterodimeric transcriptional repressor becomes crystal clear[J]. Science, 270(5234): 251-253.

Arai S, Yonezawa Y, Okazaki N, et al. 2012. A structural mechanism for dimeric to tetrameric oligomer conversion in *Halomonas* sp. nucleoside diphosphate kinase[J]. Protein Science, 21(4): 498-510.

Araujo R, Rodrigues A G. 2004. Variability of germinative potential among pathogenic species of *Aspergillus*. Journal of Clinical Microbiology, 42(9): 4335-4337.

Atchley W R, Fitch W M. 1997. A natural classification of the basic helix-loop-helix class of transcription factors[J]. Proceedings of the National Academy of Sciences of the United States of America, 94(10): 5172.

Bai Y, Lan F, Yang W, et al. 2015. sRNA profiling in *Aspergillus flavus* reveals differentially expressed miRNA-like RNAs response to water activity and temperature[J]. Fungal Genetics & Biology, 81: 113-119.

Bai Y, Wang S, Zhong H, et al. 2015. Integrative analyses reveal transcriptome-proteome correlation in biological pathways and secondary metabolism clusters in *A. flavus* in response to temperature[J]. Scientific Reports, 5: 14582.

Baltimore D, Beg A A. 1995. DNA-binding proteins. A butterfly flutters by[J]. Nature, 373(6512): 287-288.

Bani Ismail M, Shinohara M, Shinohara A. 2014. Dot1-dependent histone H3K79 methylation promotes the formation of meiotic double-strand breaks in the absence of histone H3K4 methylation in budding yeast[J]. PloS One, 9(5): e96648.

Berberich S J, Postel E H. 1995. PuF/NM23-H2/NDPK-B transactivates a human c-myc promoter-CAT gene *via* a functional nuclease hypersensitive element[J]. Oncogene, 10(12): 2343-2347.

Bernard M A, Ray N B, Olcott M C, et al. 2000. Metabolic functions of microbial nucleoside diphosphate kinases[J]. Journal of Bioenergetics and Biomembranes,

32(3): 259-267.

Bhatnagar-Mathur P, Sunkara S, Bhatnagar-Panwar M, et al. 2015. Biotechnological advances for combating *Aspergillus flavus* and aflatoxin contamination in crops[J]. Plant Science, 234: 119-132.

Bieker J J. 2001. Kruppel-like factors: three fingers in many pies[J]. Journal of Biological Chemistry, 276(37): 34355-34358.

Biggs J, Hersperger E, Steeg P S, et al. 1990. A drosophila gene that is homologous to a mammalian gene associated with tumor metastasis codes for a nucleoside diphosphate kinase[J]. Cell, 63(63): 933-940.

Boase N A, Kelly J M. 2004. A role for creD, a carbon catabolite repression gene from *Aspergillus nidulans*, in ubiquitination[J]. Molecular Microbiology, 53(3): 929-940.

Bok J W, Hoffmeister D, Maggio-Hall L A, et al. 2006. Genomic mining for *Aspergillus* natural products[J]. Chemistry & Biology, 13(1): 31-37.

Bominaar A A, Molijn A C, Pestel M, et al. 1993. Activation of G-proteins by receptor-stimulated nucleoside diphosphate kinase in *Dictyostelium*[J]. Embo Journal, 12(6): 2275.

Boyce K J, Chang H, D'Souza C A, et al. 2005. An *Ustilago maydis* septin is required for filamentous growth in culture and for full symptom development on maize[J]. Eukaryotic Cell, 4(12): 2044-2056.

Brakhage A A. 2013. Regulation of fungal secondary metabolism[J]. Nature Reviews Microbiology, 11(1): 21-32.

Calvo A M, Cary J W. 2015. Association of fungal secondary metabolism and sclerotial biology[J]. Frontiers in microbiology, 6: 62.

Chakrabarty A M. 1998. Nucleoside diphosphate kinase: role in bacterial growth, virulence, cell signalling and polysaccharide synthesis[J]. Molecular Microbiology, 28(5): 875-882.

Chang P K, Scharfenstein L L, Li P, et al. 2013. *Aspergillus flavus* VelB acts distinctly from VeA in conidiation and may coordinate with FluG to modulate sclerotial production[J]. Fungal Genetics and Biology, 58: 71-79.

Chen L H, Lin C H, Chung K R. 2012. Roles for SKN7 response regulator in stress resistance, conidiation and virulence in the citrus pathogen *Alternaria alternata*[J]. Fungal Genetics & Biology, 49(10): 802-813.

Chen R, Jiang N, Jiang Q, et al. 2014. Exploring MicroRNA-Like Small RNAs in the Filamentous fungus *Fusarium oxysporum*[J]. Plos One, 9(8): e104956.

Chen Y, Gao Q, Huang M, et al. 2015. Characterization of RNA silencing components in the plant pathogenic fungus *Fusarium graminearum*[J]. Scientific Reports, 5: 12500.

Chen Y, Morera S, Mocan J, et al. 2012. X-ray structure of *Mycobacterium tuberculosis* nucleoside diphosphate kinase[J]. Proteins Structure Function & Bioinformatics, 47(4): 556-567.

Choi K C, Chung W T, Kwon J K, et al. 2010. Inhibitory effects of quercetin on aflatoxin B1-induced hepatic damage in mice[J]. Food and Chemical Toxicology, 48(10): 2747-2753.

Choo Y, Klug A. 1994. Toward a code for the interactions of zinc fingers with DNA: selection of randomized fingers displayed on phage[J]. Proceedings of the National Academy of Sciences, 91(23): 11163.

Chulkin A M, Vavilova E A, Benevolenskii S V. 2011. Mutational analysis of carbon catabolite repression in filamentous fungus *Penicillium canescens*[J]. Molecular Biology, 45(5): 804.

Colak G, Xie Z, Zhu A Y, et al. 2013. Identification of lysine succinylation substrates and the succinylation regulatory enzyme CobB in *Escherichia coli*[J]. Molecular & Cellular Proteomics, 12(12): 3509-3520.

Coradetti S T, Craig J P, Xiong Y, et al. 2012. Conserved and essential transcription factors for cellulase gene expression in ascomycete fungi[J]. Proceedings of the National Academy of Sciences, 109(19): 7397-7402.

Cotty P J, Jaime-Garcia R. 2007. Influences of climate on aflatoxin producing fungi and aflatoxin contamination[J]. International Journal of Food Microbiology, 119(1-2): 109-115.

Crespo J L, Hall M N. 2002. Elucidating TOR signaling and rapamycin action: lessons from *Saccharomyces cerevisiae*[J]. Microbiology and Molecular Biology Reviews, 66: 579-591.

D'Adamio F, Zollo O, Moraca R, et al. 1997. A new dexamethasone-induced gene of the leucine zipper family protects T lymphocytes from TCR/CD3-activated cell death[J]. Immunity, 7(6): 803-812.

Dahlmann T A, Kück U. 2015. Dicer-dependent biogenesis of small RNAs and evidence for microRNA-like RNAs in the penicillin producing fungus *Penicillium chrysogenum*[J]. Plos One, 10(5): e0125989.

Daly S J, Keating G J, Dillon P P, et al. 2000. Development of surface plasmon resonance-based immunoassay for aflatoxin B1[J]. Journal of Agricultural & Food Chemistry, 48(11): 5097-5104.

Davis N D, Diener U L. 1968. Growth and aflatoxin production by *Aspergillus parasiticus* from various carbon sources[J]. Applied Microbiology, 16(1): 158-159.

de Nadal E, Zapater M, Alepuz P M, et al. 2004. The MAPK Hog1 recruits Rpd3 histone deacetylase to activate osmoresponsive genes[J]. Nature, 427: 370-374.

Donaldson L W, Petersen J M, Graves B J, et al. 1994. Secondary structure of the ETS domain places murine Ets-1 in the superfamily of winged helix-turn-helix DNA-binding proteins[J]. Biochemistry, 33(46): 13509-13516.

Dorion S, Matton D P, Rivoal J. 2006. Characterization of a cytosolic nucleoside diphosphate kinase associated with cell division and growth in potato[J]. Planta, 224(1): 108-124.

Downey M, Johnson J R, Davey N E, et al. 2015. Acetylome profiling reveals overlap in the regulation of diverse processes by sirtuins, gcn5, and esa1[J]. Molecular & Cellular Proteomics, 14(1): 162-176.

Duran R M, Duran J W, Cary A M, et al. 2007. Production of cyclopiazonic acid, aflatrem, and aflatoxin by *Aspergillus flavus* is regulated by veA, a gene necessary for sclerotial formation[J]. Applied Microbiology and Biotechnology, 73(5): 1158.

Ehrlich K, Montalbano B, Cary J. 1999. Binding of the C6-zinc cluster protein, AFLR, to the promoters of aflatoxin pathway biosynthesis genes in *Aspergillus parasiticus*[J]. Gene, 230(2): 249-257.

Fernandez J, Wright J D, Hartline D, et al. 2012. Principles of carbon catabolite repression in the rice blast fungus: Tps1, Nmr1-3, and a MATE-family pump regulate glucose metabolism during Infection[J]. Plos Genetics, 8(5): e1002673.

Ferrigno P, Posas F, Koepp D, et al. 1998. Regulated nucleo/cytoplasmic exchange of HOG1/MAPK requires the importin homologs NMD5/XPO1[J]. EMBO Journal, 17: 5606-5614.

Fitzgibbon G J, Morozov I Y, Jones M G, et al. 2005. Genetic analysis of the TOR Pathway in *Aspergillus nidulans*[J]. Eukaryotic Cell, 4: 1595-1598.

Furukawa K, Hoshi Y, Maeda T, et al. 2005. *Aspergillus nidulans* hog pathway is activated only by two component signalling pathway in response to osmotic stress[J]. Molecular Microbiology, 56(5): 1246-1261.

Gajiwala K S, Chen H, Cornille F, et al. 2000. Structure of the winged-helix protein hRFX1 reveals a new mode of DNA binding[J]. Nature, 403(6772): 916-921.

Gasch A P. 2007. Comparative genomics of the environmental stress response in ascomycete fungi[J]. Yeast, 24: 961-976.

Geisen R. 1996. Multiplex polymerase chain reaction for the detection of potential aflatoxin and sterigmatocystin producing fungi[J]. Systematic and Applied Microbiology, 19(3): 388-392.

Georgianna D R, Muddiman D C, Payne G A. 2008. Temperature-dependent regulation of proteins of proteins in *Aspergillus flavus*: whole organism stable isotope labeling by amino acids[J]. Journal of Proteome Research, 7: 2973-2979.

Georgianna D, Fedorova N D, Burroughs J L, et al. 2010. Beyond aflatoxin: four distinct expression patterns and functional roles associated with *Aspergillus flavus* secondary metabolism gene clusters[J]. Molecular Plant Pathology, 11(2): 213-226.

Glass N L, Rasmussen C, Roca M G, et al. 2004. Hyphal homing, fusion and mycelial interconnectedness[J]. Trends in Microbiology, 12(3): 135-141.

Graham A, Papalopulu N, Krumlauf R. 1989. The murine and *Drosophila* homeobox gene complexes have common features of organization and expression[J]. Cell, 57(3): 367-378.

Grubisha L C, Cotty P J. 2015. Genetic analysis of the *Aspergillus flavus* vegetative compatibility group to which a biological control agent that limits aflatoxin contamination in U.S. crops belongs[J]. Applied and Environmental Microbiology, 81(17): 5889-5899.

Guengerich F P, Johnson W W, Shimada T, et al. 1998. Activation and detoxication of aflatoxin B1[J]. Mutation Research/fundamental & Molecular Mechanisms of Mutagenesis, 402(1-2): 121-128.

Gugnani H C. 2003. Ecology and taxonomy of pathogenic aspergilli[J]. Frontiers in Bioscience, 8: 346-357.

Hamada T, Hasunuma K. 1994. Phytochrome-mediated light signal transmission to the phosphorylation of proteins in the plasma membrane and the soluble fraction of etiolated pea stem sections[J]. Journal of Photochemistry & Photobiology B Biology, 24(3): 163-167.

Hamamori Y, Wu H Y, Sartorelli V, et al. 1997. The basic domain of myogenic basic helix-loop-helix (bHLH) proteins is the novel target for direct inhibition by another bHLH protein, Twist[J]. Molecular & Cellular Biology, 17(11): 6563-6573.

Hammargren J, Rosenquist S, Jansson C, et al. 2008. A novel connection between nucleotide and carbohydrate metabolism in mitochondria: sugar regulation of the *Arabidopsis* nucleoside diphosphate kinase 3a gene[J]. Plant Cell Reports, 27(3): 529-534.

Han X, Qiu M, Wang B, et al. 2016. Functional analysis of the nitrogen metabolite repression regulator gene nmrA in *Aspergillus flavus*[J]. Frontiers in Microbiology, 7: 1794.

Harris S D. 2006. Cell polarity in filamentous fungi: shaping the mold[J]. International Review of Cytology, 251: 41-77.

Hasunuma K, Yabe N, Yoshida Y, et al. 2003. Putative functions of nucleoside diphosphate kinase in plants and fungi[J]. Journal of Bioenergetics and

Biomembranes, 35(1): 57-65.

Hasunuma K. 2000. Signal transduction of light through NDP kinase inducing the morphogenesis of perithecia in *Neurospora crassa*[J]. Plant Morphology, 12(1): 39-51.

Hayer K, Stratford M, Archer D B. 2013. Structural features of sugars that trigger or support conidial germination in the filamentous fungus *Aspergillus niger*[J]. Applied & Environmental Microbiology, 79(22): 6924.

He X J, Fassler J S. 2005. Identification of novel Yap1p and Skn7p binding sites involved in the oxidative stress response of *Saccharomyces cerevisiae*[J]. Molecular Microbiology, 58(5): 1454-1467.

Hedayati M T, Pasqualotto A C, Warn P A, et al. 2007. *Aspergillus flavus*: human pathogen, allergen and mycotoxin producer[J]. Microbiology, 153(6): 1677-1692.

Heim M A, Jakoby M, Werber M, et al. 2003. The basic helix-loop-helix transcription factor family in plants: a genome-wide study of protein structure and functional diversity[J]. Molecular Biology & Evolution, 20(5): 735.

Hogenesch J B, Chan W K, Jackiw V H, et al. 1997. Characterization of a subset of the basic-helix-lop-helix-PAS superfamily that interacts with components of the dioxin signaling pathway[J]. Journal of Biological Chemistry, 272(13): 8581.

Hogenesch J B, Gu Y Z, Jain S, et al. 1998. The basic-helix-loop-helix-PAS orphan MOP3 forms transcriptionally active complexes with circadian and hypoxia factors[J]. Proceedings of the National Academy of Sciences of the United States of America, 95(10): 5474-5479.

Holbrook E, Rappleye C. 2008. *Histoplasma capsulatum* pathogenesis: making a lifestyle switch[J]. Current Opinion in Microbiology, 11(4): 318-324.

Horn B W, Moore G G, Carbone I, et al. 2009. Sexual reproduction in *Aspergillus flavus*[J]. Mycologia, 101(3): 423-429.

Horn B W, Sorensen R B, Lamb M C, et al. 2014. Sexual reproduction in *Aspergillus flavus* sclerotia naturally produced in corn[J]. Phytopathology, 104(1): 75-85.

Hoskisson P A, Rigali S. 2009. Chapter 1 variation in form and function: the helix-turn-helix regulators of the GntR superfamily[J]. Advances in Applied Microbiology, 69(69): 1.

Huang B, Xiao H, Zhang J, et al. 2009. Dual-label time-resolved fluoroimmunoassay for simultaneous detection of aflatoxin B1 and ochratoxin A[J]. Archives of Toxicology, 83(6): 619-624.

Huang G, Wang H, Song C, et al. 2006. Bistable expression of WOR1, a master regulator of white–opaque switching in *Candida albicans*[J]. Proceedings of the National

Academy of Sciences, 103(34): 12813.

Hunter A J, Morris T A, Jin B, et al. 2013. Deletion of creB in *Aspergillus oryzae* increases secreted hydrolytic enzyme activity[J]. Applied and environmental microbiology, 79(18): 5480-5487.

Hunter C C, Siebert K S, Downes D J, et al. 2014. Multiple nuclear localization signals mediate nuclear localization of the GATA transcription factor AreA[J]. Eukaryotic Cell, 13(4): 527-538.

Hynes M J, Kelly J M. 1977. Pleiotropic mutants of *Aspergillus nidulans* altered in carbon metabolism[J]. Molecular and General Genetics, 150(2): 193-204.

Izumiya H, Yamamoto M. 1995. Cloning and functional analysis of the ndk1 gene encoding nucleoside-diphosphate kinase in *Schizosaccharomyces pombe*[J]. Journal of Biological Chemistry, 270(46): 27859.

Jahn B, Koch A, Schmidt A, et al. 1997. Isolation and characterization of a pigmentless-conidium mutant of *Aspergillus fumigatus* with altered conidial surface and reduced virulence[J]. Infection and Immunity, 65(12): 5110-5117.

Jaime-Garcia R, Cotty P J. 2003. Aflatoxin contamination of commercial cottonseed in south Texas[J]. Phytopathology, 93(9): 1190-1200.

Johnson E S. 2004. Protein modification by SUMO[J]. Annual Review of Biochemistry, 73: 355-382.

Jonkers W, Dong Y, Broz K, et al. 2012. The Wor1-like protein Fgp1 regulates pathogenicity, toxin synthesis and reproduction in the phytopathogenic fungus *Fusarium graminearum*[J]. Plos Pathogens, 8(5): 276-281.

Kale S P, Milde L, Trapp M K, et al. 2008. Requirement of LaeA for secondary metabolism and sclerotial production in *Aspergillus flavus*[J]. Fungal Genetics and Biology, 45(10): 1422-1429.

Kang K, Zhong J, Jiang L, et al. 2013. Identification of microRNA-Like RNAs in the filamentous fungus Trichoderma reesei by solexa sequencing[J]. Plos One, 8(10): e76288.

Kelly J M, Hynes M J. 1977. Increased and decreased sensitivity to carbon catabolite repression of enzymes of acetate metabolism in mutants of *Aspergillus nidulans*[J]. Molecular and General Genetics, 156(1): 87-92.

Khatri M L, Stefanato C M, Benghazeil M, et al. 2000. Cutaneous and paranasal aspergillosis in an immunocompetent patient[J]. International Journal of Dermatology, 39(11): 853-856.

Kim D M, Chung S H, Chun H S. 2011. Multiplex PCR assay for the detection of aflatoxigenic and non-aflatoxigenic fungi in meju, a Korean fermented soybean food starter[J]. Food Microbiology, 28(7): 1402-1408.

Klich M A. 2007. *Aspergillus flavus*: the major producer of aflatoxin[J]. Molecular Plant Pathology, 8(6): 713-722.

Klug A. 2005. The discovery of zinc fingers and their development for practical applications in gene regulation[J]. Proceedings of the Japan Academy Ser B Physical & Biological Sciences, 81(4): 87-102.

Kosono S, Tamura M, Suzuki S, et al. 2015. Changes in the acetylome and succinylome of *Bacillus subtilis* in response to carbon source[J]. PloS One, 10(6): e0131169.

Kousha M, Tadi R, Soubani A O. 2011. Pulmonary aspergillosis: a clinical review[J]. European Respiratory Review An Official Journal of the European Respiratory Society, 20(121): 156-174.

Krijgsheld P, Bleichrodt R, van Veluw G J, et al. 2013. Development in *Aspergillus*[J]. Studies in Mycology, 74(1): 1-29.

Krishnan S, Manavathu E K, Chandrasekar P H, et al. 2009. *Aspergillus flavus*: an emerging non-fumigatus *Aspergillus* species of significance[J]. Mycoses, 52(3): 206-222.

Kulmburg P, Mathieu M, Dowzer C, et al. 1993. Specific binding sites in the alcR and alcA promoters of the ethanol regulon for the CREA repressor mediating carbon cataboiite repression in *Aspergillus nidulans*[J]. Molecular Microbiology, 7(6): 847-857.

Kuroda A, Kornberg A. 1997. Polyphosphate kinase as a nucleoside diphosphate kinase in *Escherichia coli* and *Pseudomonas aeruginosa*[J]. Proceedings of the National Academy of Sciences, 94(94): 439-442.

Lacombe M L, Milon L, Munier A, et al. 2000. The human Nm23/nucleoside diphosphate kinases[J]. Journal of Bioenergetics and Biomembranes, 32(3): 247-258.

Lan H, Sun R, Fan K, et al. 2016. The *Aspergillus flavus* histone acetyltransferase AflGcnE regulates morphogenesis, aflatoxin biosynthesis, and pathogenicity[J]. Frontiers in Microbiology, 7: 1324.

Lattab N, Kalai S, Bensoussan M, et al. 2012. Effect of storage conditions (relative humidity, duration, and temperature) on the germination time of *Aspergillus carbonarius* and *Penicillium chrysogenum*[J]. International Journal of Food Microbiology, 160(1): 80-84.

Lau S K P, Chow W N, Wong A Y P, et al. 2013. Identification of microRNA-Like RNAs in mycelial and yeast phases of the thermal dimorphic fungus, *Penicillium marneffei*[J]. Plos Neglected Tropical Diseases, 7(8): e2398.

Lee H C, Li L, Gu W, et al. 2010. Diverse pathways generate microRNA-like RNAs and dicer- independent small interfering RNAs in fungi[J]. Molecular Cell, 38(6): 803.

Lee J, Godon C, Lagniel G, et al. 1999. Yap1 and Skn7 control two specialized oxidative stress response regulons in yeast[J]. Journal of Biological Chemistry, 274(23): 16040.

Lee Y H, Williams S C, Baer M, et al. 1997. The ability of C/EBP beta but not C/EBP alpha to syne20ze with an Sp1 protein is specified by the leucine zipper and activation domain[J]. Molecular & Cellular Biology, 17(4): 2038-2047.

Leone A, Flatow U, King C R, et al. 1991. Reduced tumor incidence, metastatic potential, and cytokine responsiveness of nm3 -transfected melanoma cells[J]. Cell, 65(1): 25-35.

Leung M C, Díaz-Llano G, Smith T K. 2006. Mycotoxins in pet food: a review on worldwide prevalence and preventative strategies[J]. Journal of Agricultural & Food Chemistry, 54(26): 9623.

Lewis L, Onsongo M, Njapau H, et al. 2005. Aflatoxin contamination of commercial maize products during an outbreak of acute aflatoxicosis in eastern and central Kenya[J]. Environmental Health Perspectives, 1763-1767.

Li L, Chen F. 2017. Arsenic and SUMO wrestling in protein modification[J]. Cell Cycle, 16(10): 913-914.

Li X, Hu X, Wan Y, et al. 2014. Systematic identification of the lysine succinylation in the protozoan parasite *Toxoplasma gondii*[J]. Journal of Proteome Research, 13(12): 6087-6095.

Li Y, He Y, Li X, et al. 2017. Histone Methyltransferase aflrmtA gene is involved in the morphogenesis, mycotoxin biosynthesis, and pathogenicity of *Aspergillus flavus*[J]. Toxicon, 127: 112-121.

Liew C K, Simpson R J, Kwan A H, et al. 2005. Zinc fingers as protein recognition motifs: structural basis for the GATA-1/friend of GATA interaction[J]. Proceedings of the National Academy of Sciences of the United States of America, 102(3): 583-588.

Lin R, He L, He J, et al. 2016. Comprehensive analysis of microRNA-Seq and target mRNAs of rice sheath blight pathogen provides new insights into pathogenic regulatory mechanisms[J]. DNA Research, 23(5): 415-425.

Lin X, Momany C, Momany M. 2003. SwoHp, a nucleoside diphosphate kinase, is essential in *Aspergillus nidulans*[J]. Eukaryotic Cell, 2(6): 1169-1177.

Lin Y L, Ma L T, Lee Y R, et al. 2015. MicroRNA-like small RNAs prediction in the development of *Antrodia cinnamomea*[J]. Plos One, 10(4): e0123245.

Liu F, Yang M, Wang X, et al. 2014. Acetylome analysis reveals diverse functions of lysine acetylation in *Mycobacterium tuberculosis*[J]. Molecular & Cellular Proteomics, 13(12): 3352-3366.

Lockington R A, Kelly J M. 2001. Carbon catabolite repression in *Aspergillus nidulans* involves deubiquitination[J]. Molecular Microbiology, 40(6): 1311-1321.

Lockington R A, Kelly J M. 2002. The WD40-repeat protein CreC interacts with and stabilizes the deubiquitinating enzyme CreB *in vivo* in *Aspergillus nidulans*[J]. Molecular Microbiology, 43(5): 1173-1182.

Lohse M B, Zordan R E, Cain C W, et al. 2010. Distinct class of DNA-binding domains is exemplified by a master regulator of phenotypic switching in *Candida albicans*[J]. Proceedings of the National Academy of Sciences, 107(32): 14105.

Lohsea M B, et al. 2014. Structure of a new DNA-binding domain which regulates pathogenesis in a wide variety of fungi[J]. PNAS, 111(29): 10404-10410.

Lu Q, Inouye M. 1996. Adenylate kinase complements nucleoside diphosphate kinase deficiency in nucleotide metabolism[J]. Proceedings of the National Academy of Sciences of the United States of America, 93(12): 5720-5725.

Luscombe N M, Austin S E, Berman H M, et al. 2000. An overview of the structures of protein-DNA complexes[J]. Genome Biology, 1(1): REVIEWS001.

Machida M, Asai K, Sano M, et al. 2005. Genome sequencing and analysis of *Aspergillus oryzae*. Nature, 438(7071): 1157-1161.

Macpherson S, Larochelle M, Turcotte B. 2006. A fungal family of transcriptional regulators: The zinc cluster proteins[J]. Microbiology & Molecular Biology Reviews, 70(3): 583-604.

Maeda T, Takekawa M, Saito H. 1995. Activation of yeast PBS2 MAPKK by MAPKKKs or by binding of an SH3-containing osmosensor[J]. Science, 269: 554-558.

Maeda T, Wurgler-Murphy S M, Saito H. 1994. A two-component system that regulates an osmosensing MAP kinase cascade in yeast[J]. Nature, 369: 242-245.

Magan N, Aldred D. 2007. Post-harvest control strategies: minimizing mycotoxins in the food chain[J]. International Journal of Food Microbiology, 119(1-2): 131-139.

Mahmoud M A. 2015. Detection of *Aspergillus flavus* in stored peanuts using real-time PCR and the expression of aflatoxin genes in toxigenic and atoxigenic *A. flavus* isolates[J]. Foodborne Pathogens and Disease, 12(4): 289-296.

Massari M E, Murre C. 2000. Helix-loop-helix proteins: regulators of transcription in eucaryotic organisms[J]. Molecular & Cellular Biology, 20(2): 429.

Mathews C K. 1993. The cell-bag of enzymes or network of channels?[J]. Journal of Bacteriology, 175(20): 6377.

Matthews J M. 2013. Zinc Finger Folds and Functions[M]. Springer New York.

Mclarren KW, Lo R, Grbavec D, et al. 2000. The mammalian basic helix loop helix protein HES-1 binds to and modulates the transactivating function of the runt-related factor Cbfa1[J]. Journal of Biological Chemistry, 275(1): 530-538.

Mcmahon M, Itoh K, Yamamoto M, et al. 2001. The Cap'n'Collar basic leucine zipper transcription factor Nrf2 (NF-E2 p45-related factor 2) controls both constitutive and inducible expression of intestinal detoxification and glutathione biosynthetic enzymes.[J]. Cancer Research, 61(8): 3299.

Mehl H L, Jaime R, Callicott K A, et al. 2012. *Aspergillus flavus*, diversity on crops and in the environment can be exploited to reduce aflatoxin exposure and improve health[J]. Annals of the New York Academy of Sciences, 1273(1): 7-17.

Michielse C B, Becker M, Heller J, et al. 2011. The Botrytis cinerea Reg1 protein, a putative transcriptional regulator, is required for pathogenicity, conidiogenesis, and the production of secondary metabolites[J]. Mol Plant Microbe Interact., 24(9): 1074-1085.

Michielse C B, Pfannmüller A, Macios M, et al. 2013. The interplay between the GATA transcription factors AreA, the global nitrogen regulator and AreB in Fusarium fujikuroi.[J]. Molecular Microbiology, 91(3): 472-493.

Michielse C B, Wijk R V, Reijnen L, et al. 2009. The nuclear protein Sge1 of fusarium oxysporum is required for parasitic growth[J]. Plos Pathogens, 5(10): e1000637.

Milligan S B, Bodeau J, Yaghoobi J, et al. 1998. The root knot nematode resistance gene Mi from tomato is a member of the leucine zipper, nucleotide binding, leucine-rich repeat family of plant genes[J]. Plant Cell, 10(8): 1307-1319.

Miskei M, Karányi Z, Pócsi I. 2009. Annotation of stress-response proteins in the aspergilli[J]. Fungal Genetics and Biology, 45: 105-120.

Mo R, Yang M, Chen Z, et al. 2015. Acetylome analysis reveals the involvement of lysine acetylation in photosynthesis and carbon metabolism in the model cyanobacterium *Synechocystis* sp. PCC 6803[J]. Journal of Proteome Research, 14(2): 1275-1286.

Moisyadi S, Dharmasiri S, Harrington H M, et al. 1994. Characterization of a low molecular mass autophosphorylating protein in cultured sugarcane cells and its identification as a nucleoside diphosphate kinase[J]. Plant Physiology, 104(4): 1401-1409.

Molkentin J D, Olson E N. 1996. Combinatorial control of muscle development by basic helix-loop-helix and MADS-box transcription factors[J]. Proceedings of the National Academy of Sciences of the United States of America, 93(18): 9366-9373.

Moon H, Lee B, Choi G, et al. 2003. NDP kinase 2 interacts with two oxidative stress-activated MAPKs to regulate cellular redox state and enhances multiple stress tolerance in transgenic plants[J]. Proceedings of the National Academy of Sciences, 100(1): 358-363.

Moynié L, Giraud M F, Georgescauld F, et al. 2010. The structure of the *Escherichia coli*, nucleoside diphosphate kinase reveals a new quaternary architecture for this enzyme family[J]. Proteins- structure Function & Bioinformatics, 67(3): 755-765.

Munkvold G P. 2003. Ultural and genetic approaches to managing mycotoxins in maize. Annual Review of Phytopathology, 41: 99-116.

Murre C, Mccaw P S, Vaessin H, et al. 1989. Interactions between heterologous helix-loop-helix proteins generate complexes that bind specifically to a common DNA sequence[J]. Cell, 58(3): 537-544.

Naar A, Thakur J. 2009. Nuclear receptor-like transcription factors in fungi[J]. Genes & Development, 23(4): 419-432.

Nagendra S, Wu X R. 1999. Aflatoxin B1 binding abilities of probiotic bacteria[J]. Bioscience Microflora, 18(1): 43-48.

Nasir M S, Jolley M E. 2002. Development of a fluorescence polarization assay for the determination of aflatoxins in grains[J]. Journal of Agricultural and Food Chemistry, 50(11): 3116-3121.

Nguyen V Q, Sil A. 2008. Temperature-induced switch to the pathogenic yeast form of *Histoplasma capsulatum* requires Ryp1, a conserved transcriptional regulator[J]. Proceedings of the National Academy of Science, 105(12): 4880-4885.

Nie X, Yu S, Qiu M, et al. 2016. *Aspergillus flavus* SUMO contributes to fungal virulence and toxin attributes[J]. Journal of Agricultural and Food Chemistry, 64(35): 6772-6782.

Niessen L. 2007. PCR-based diagnosis and quantification of mycotoxin producing fungi[J]. International Journal of Food Microbiology, 119(1-2): 38-46.

Nishimura M, Fukada J, Moriwaki A, et al. 2009. Mstu1, an APSES transcription factor, is required for appressorium-mediated infection in *Magnaporthe grisea*[J]. Bioscience Biotechnology & Biochemistry, 73(8): 1779.

Noelia S, Covadonga V, Jéssica G, et al. 2011. Specific detection and quantification of *Aspergillus flavus* and *Aspergillus parasiticus* in wheat flour by SYBR® green quantitative PCR[J]. International Journal of Food Microbiology, 145(1): 121-125.

OBrian G R, Wilkinson J R, Yu J, et al. 2007. The effect of elevated temperature on gene transcription and aflatoxin biosynthesis[J]. Mycologia, 99(2): 232-239.

Ogura T, Tanaka N, Yabe N, et al. 2008. Characterization of protein complexes containing nucleoside diphosphate kinase with characteristics of light signal transduction through phytochrome in etiolated pea seedlings[J]. Photochemistry &

Photobiology, 69(3): 397-403.

Owino J H, Ignaszak A, Alahmed A, et al. 2007. Modelling of the impedimetric responses of an aflatoxin B(1) immunosensor prepared on an electrosynthetic polyaniline platform[J]. Analytical & Bioanalytical Chemistry, 388(5-6): 1069-1074.

Oyake T, Itoh K, Motohashi H, et al. 1996. Bach proteins belong to a novel family of BTB-basic leucine zipper transcription factors that interact with MafK and regulate transcription through the NF-E2 site[J]. Molecular & Cellular Biology, 16(11): 6083-6095.

Pabo C O, Sauer R T. 1992. Transcription factors: structural families and principles of DNA recognition[J]. Annual Review of Biochemistry, 61(61): 1053.

Palmer J M, Keller N P. 2010. Secondary metabolism in fungi: does chromosomal location matter? Current Opinion in Microbiology, 13(4): 431-436.

Passamani F R, Hernandes T, Lopes N A, et al. 2014. Effect of temperature, water activity, and pH on growth and production of ochratoxin A by *Aspergillus niger* and *Aspergillus carbonarius* from Brazilian grapes[J]. Journal of food protection, 77(11): 1947-1952.

Passone M A, Rosso L C, Ciancio A, et al. 2010. Detection and quantification of *Aspergillus* section *Flavi* spp. in stored peanuts by real-time PCR of nor-1 gene, and effects of storage conditions on aflatoxin production[J]. International Journal of Food Microbiology, 138(3): 276-281.

Passone M A, Rosso L C, Etcheverry M. 2012. Influence of sub-lethal antioxidant doses, water potential and temperature on growth, sclerotia, aflatoxins and aflD (=nor-1) expression by *Aspergillus flavus*[J]. Microbiological Research, 167(8): 470-477.

Persikov A V, Rowland E F, Oakes B L, et al. 2014. Deep sequencing of large library selections allows computational discovery of diverse sets of zinc fingers that bind common targets[J]. Nucleic Acids Research, 42(3): 1497-1508.

Piermarini S, Micheli L, Ammida N H S, et al. 2007. Electrochemical immunosensor array using a 96-well screen-printed microplate for aflatoxin B1 detection. Biosensors & Bioelectronics, 22(7): 1434-1440.

Posas F, Saito H. 1997. Osmotic activation of the HOG MAPK pathway via Ste11p MAPKKK: scaffold role of Pbs2p MAPKK[J]. Science, 276: 1702-1705.

Posas F, Saito H. 1998. Activation of the yeast SSK2 MAPkinase kinase kinase by the SSK1 two-component response regulator[J]. EMBO Journal, 17: 1385-1394.

Posas F, Wurgler-Murphy S M, Maeda T, et al. 1996. Yeast HOG1 MAP kinase cascade is regulated by a multistep phosphorelay mechanism in the SLN1-YPD1-SSK1 'two-component' osmosensor[J]. Cell, 86: 865-875.

Probst C, Njapau H, Cotty P J. 2007. Outbreak of an acute aflatoxicosis in Kenya in 2004: identification of the causal agent. Applied and Environmental Microbiology, 73(8): 2762-2764.

Rardin M J, He W, Nishida Y, et al. 2013. SIRT5 regulates the mitochondrial lysine succinylome and metabolic networks[J]. Cell Metabolism, 18(6): 920-933.

Reddy K, Reddy C, Muralidharan K, et al. 2009. Potential of botanicals and biocontrol agents on growth and aflatoxin production by *Aspergillus flavus* infecting rice grains[J]. Food Control, 20(2): 173-178.

Ren S L, Yang M K, Li Y, et al. 2016. Global phosphoproteomic analysis reveals the involvement of phosphorylation in aflatoxins biosynthesis in the pathogenic fungus *Aspergillus flavus*[J]. Scientific Reports, 6: 34078.

Renault L, Chou H T, Chiu P L, et al. 2006. Milestones in electron crystallography[J]. Journal of Computer-Aided Molecular Design, 20(7): 519-527.

Roze L V, Hong S Y, Linz J E. 2013. Aflatoxin biosynthesis: current frontiers[J]. Annual Review of Food Science and Technology, 4: 293-311.

Sánchez R, Šali A. 2000. Comparative protein structure modeling: introduction and practical examples with modeller[J]. Methods in Molecular Biology, 5: 143-197.

Schmidt-Heydt M, Abdel-Hadi A, Magan N, et al. 2009. Complex regulation of the aflatoxin biosynthesis gene cluster of *Aspergillus flavus* in relation to various combinations of water activity and temperature[J]. International Journal of Food Microbiology, 135(3): 231-237.

Schneider B, Xu Y W, Janin J, et al. 1998. 3'-Phosphorylated nucleotides are tight binding inhibitors of nucleoside diphosphate kinase activity[J]. Journal of Biological Chemistry, 273(44): 28773.

Shapira R, Paster N, Eyal O, et al. 1996. Detection of aflatoxigenic molds in grains by PCR[J]. Applied and Environmental Microbiology, 62(9): 3270-3273.

Shelest E. 2008. Transcription factors in fungi[J]. Fems Microbiology Letters, 286(2): 145-151.

Shim W B, Zheng Y Y, Kim J S, et al. 2007. Development of immunochromatography strip-test using nanocolloidal gold-antibody probe for the rapid detection of aflatoxin B1 in grain and feed samples[J]. Journal of Microbiology Biotechnology, 17(10): 1629-1637.

Shimizu K, Hicks J K, Huang T P, et al. 2003. Pka, Ras and RGS protein interactions regulate activity of AflR, a Zn (II) 2Cys6 transcription factor in *Aspergillus nidulans*[J]. Genetics, 165(3): 1095-1104.

Shimizu K, Keller N P. 2001. Genetic involvement of a cAMP-dependent protein kinase in a G protein signaling pathway regulating morphological and chemical transitions in Aspergillus nidulans[J]. Genetics, 157(2): 591-600.

Snevajsova P, Tison L, Brozkova I, et al. 2010. Carbon paste electrode for voltammetric detection of a specific DNA sequence from potentially aflatoxigenic *Aspergillus* species[J]. Electrochemistry Communications, 12(1): 106-109.

Strauss J, Reyes-Dominguez Y. 2011. Regulation of secondary metabolism by chromatin structure and epigenetic codes[J]. Fungal Genetics and Biology, 48(1): 62-69.

Strelkov S V, Perisic O, Webb P A, et al. 1995. The 1.9 Å crystal structure of a nucleoside diphosphate kinase complex with adenosine 3′,5′-Cyclic monophosphate: evidence for competitive inhibition[J]. Journal of Molecular Biology, 249(3): 665-674.

Suh M J, Fedorova N D, Cagas S E, et al. 2012. Development stage-specific proteomic profiling uncovers small, lineage specific proteins most abundant in the *Aspergillus Fumigatus*, conidial proteome[J]. Proteome Science, 10(1): 1-13.

Sundin G W, Shankar S, Chugani S A, et al. 1996. Nucleoside diphosphate kinase from *Pseudomonas aeruginosa*: characterization of the gene and its role in cellular growth and exopolysaccharide alginate synthesis[J]. Molecular Microbiology, 20(5): 965-979.

Teichert S, Wottawa M, Schönig B, et al. 2006. Role of the *Fusarium fujikuroi* TOR kinase in nitrogen regulation and secondary metabolism[J]. Eukaryotic Cell, 5: 1807-1819.

Titov V N. 2009. Phylogenetic, pathogenetic fundamentals and a role of clinical biochemistry in classification of arterial hypertension[J]. Klinicheskaia Laboratornaia Diagnostika, 10: 3-13.

Todd R B, Lockington R A, Kelly J M. 2000. The *Aspergillus nidulans* creC gene involved in carbon catabolite repression encodes a WD40 repeat protein[J]. Molecular and General Genetics, 263(4): 561-570.

Tombelli S, Mascini M, Scherm B, et al. 2009. DNA biosensors for the detection of aflatoxin producing *Aspergillus flavus* and *Aspergillus parasiticus*[J]. Chemistry and Materials Science, 140(8): 901-907.

Tsai G J, Cousin M A. 1990. Enzyme-Linked Immunosorbent assay for detection of molds in cheese and yogurt[J]. Journal Dairy Science, 73(12): 3366-3378.

Tsai G J, Yum S C. 1997. An enzyme-linked immunosorbent assay for the detection of Aspergillus parasiticus and *Aspergillus flavus*[J]. Journal of Food Protection, 60(8): 978-984.

Tseng C H, Cheng T S, Shu C Y, et al. 2010. Modification of small hepatitis delta virus antigen by SUMO protein[J]. Journal of virology, 84(2): 918-927.

Tsunehiro F, Junichi N, Narimichi K, et al. 1993. Isolation, overexpression and disruption of a Saccharomyces cerevisiae YNK, gene encoding nucleoside diphosphate kinase[J]. Gene, 129(1): 141-146.

Tudzynski B. 2014. Nitrogen regulation of fungal secondary metabolism in fungi[J]. Frontiers in Microbiology, 5: 1-15.

Viefhues A, Schlathoelter I, Simon A, et al. 2015. Unraveling the function of the response regulator BcSkn7 in the stress signaling network of *Botrytis cinerea*[J]. Eukaryotic Cell, 14(7): 636.

Villamizar R A, Maroto A, Rius F X. 2010. Rapid detection of *Aspergillus flavus* in rice using biofunctionalized carbon nanotube field effect transistors[J]. Analytical and Bioanalytical Chemistry, 399(1): 119-126.

Wagner D, Schmeinck A, Mos M, et al. 2010. The bZIP transcription factor MeaB mediates nitrogen metabolite repression at specfic loci[J]. Eukaryotic Cell, 9: 1588-1601.

Wahbi M A, Aalam F A, Fatiny F I, et al. 2012. Characterization of heat emission of light-curing units[J]. The Saudi Dental Journal, 24(2): 91-98.

Wang B , Han X Y, Bai Y H, et al. 2017. Effects of nitrogen metabolism on growth and aflatoxin biosynthesis in *Aspergillus flavus*[J]. Journal of Hazardous Materials, 324(Pt B): 691-700.

Wang Q, Szaniszlo P J. 2007. WdStuAp, an APSES transcription factor, is a regulator of yeast-hyphal transitions in *Wangiella* (*Exophiala*) *dermatitidis*.[J]. Eukaryotic Cell, 6(9): 1595.

Wang S, Li B, Jiang L, et al. 2016. Expression, purification, crystallization and preliminary crystallographic analysis of nucleoside diphosphate kinase(ndk) from *Aspergillus flavus*[J]. Chinese Journal of Structural Chemistry, 35(11): 1708-1713.

Wang S, Li P, Zhang J, et al. 2016. Generation of a high resolution map of sRNAs from *Fusarium graminearum* and analysis of responses to viral infection[J]. Scientific Reports, 6: 26151.

Weinert B T, Scholz C, Wagner S A, et al. 2013. Lysine succinylation is a frequently occurring modification in prokaryotes and eukaryotes and extensively overlaps with acetylation[J]. Cell Reports, 4(4): 842-851.

Weinert B T, Wagner S A, Horn H, et al. 2011. Proteome-wide mapping of the *Drosophila acetylome* demonstrates a high degree of conservation of lysine acetylation[J]. Science Signaling, 4(183): 48.

Wicklow D T. 1995. The mycology of stored grain: an ecological perspective. *In*: Stored-Grain Ecosystems [M]. New York: Marcel Dekker.

Wild C, Turner P. 2002. The toxicology of aflatoxins as a basis for public health decisions[J]. Mutagenesis, 17(6): 471-481.

Wild C P, Montesano R. 2009. A model of interaction: aflatoxins and hepatitis viruses in liver cancer aetiology and prevention[J]. Cancer Letters, 286(1): 22-28.

Williams J H, Phillips T D, Jolly P E, et al. 2004. Aggarwal. Human aflatoxicosis in developing countries: a review of toxicology, exposure, potential health consequences, and interventions[J]. The American journal of clinical nutrition, 80(5): 1106-1122.

Williams R L, Oren D A, Muñoz-Dorado J, et al. 1994. Crystal structure of Myxococcus xanthus nucleoside diphosphate kinase and its interaction with a nucleotide substrate at 2.0 A resolution[J]. Journal of Molecular Biology, 234(4): 1230-1247.

Wingender E, Chen X, Hehl R, et al. 2000. TRANSFAC: an integrated system for gene expression regulation[J]. Nucleic Acids Research, 28(1): 316-319.

Wong K H, Hynes M J, Todd R B, et al. 2007. Transcriptional control of NmrA by the bZIP transcription factor MeaB reveals a new level of nitrogen regulation in Aspergillus nidulans[J]. Molecular microbiology, 66: 534-551.

Wu F. 2006. Mycotoxin reduction in Bt corn: potential economic, health, and regulatory impacts[J]. Transgenic Research, 15(3): 277-289.

Wu X, Oh M H, Schwarz E M, et al. 2011. Lysine acetylation is a widespread protein modification for diverse proteins in *Arabidopsis*[J]. Plant Physiology, 155(4): 1769-1778.

Wüthrich K. 2003. NMR studies of structure and function of biological macromolecules (Nobel lecture)[J]. Journal of Biomolecular NMR, 42(1): 3340-3363.

Xiao Z, Hume S L, Johnson C, et al. 2010. The transcription repressor NmrA is subject to proteolysis by three *Aspergillus nidulans* proteases[J]. Protein Science, 19(7): 1405-1419.

Xie L, Liu W, Li Q, et al. 2015. First succinyl-proteome profiling of extensively drug-resistant *Mycobacterium tuberculosis* revealed involvement of succinylation in cellular physiology[J]. Journal of proteome research, 14(1): 107-119.

Xie Z, Dai J, Dai L, et al. 2012. Lysine succinylation and lysine malonylation in histones[J]. Molecular & Cellular Proteomics, 11(5): 100-107.

Xiong W, Li T, Chen K, et al. 2009. Local combinational variables: an approach used in DNA-binding helix-turn-helix motif prediction with sequence information[J]. Nucleic Acids Research, 37(17): 5632-5640.

Xu Y, Sellam O, Morera S, et al. 1997. X-Ray analysis of azido-thymidine diphosphate binding to nucleoside diphosphate kinase[J]. Proceedings of the National Academy of Sciences of the United States of America, 94(14): 7162-7165.

Xue Z, Yuan H, Guo J, et al. 2012. Reconstitution of an Argonaute-dependent small RNA biogenesis pathway reveals a handover mechanism involving the RNA exosome and the exonuclease QIP[J]. Molecular Cell, 46(3): 299-310.

Yan X, Li Y, Yue X F, et al. 2011. Two novel transcriptional regulators are essential for infection- related morphogenesis and pathogenicity of the rice blast fungus *Magnaporthe oryzae*[J]. PLoS Pathog, 7(12): e1002385.

Yan Z, Chen D, Shen Y, et al. 2016. The complete mitochondrial genome sequence of *Aspergillus flavus*[J]. Mitochondrial DNA Part A, DNA Mapping, Sequencing, and Analysis, 27(4): 2671-2672.

Yang E, Wang G, Woo P C Y, et al. 2013. Unraveling the molecular basis of temperature-dependent genetic regulation in Penicillium marneffei[J]. Eukaryotic Cell, 12(9): 1214-1224.

Yang K L, Qin Q P, Liu Y H, et al. 2016. Adenylate cyclase AcyA regulates development, aflatoxin biosynthesis and fungal virulence in *Aspergillus flavus*[J]. Frontiers in Cellular and Infection Microbiology, 6: 190.

Yang K L, Zhuang Z H, Zhang F, et al. 2015. Inhibition of aflatoxin metabolism and growth of Aspergillus flavus in liquid culture by a DNA methylation inhibitor. Food Additives & Contaminants: Part A, 32(4): 554-563.

Yang K, Liang L, Ran F, et al. 2016. The DmtA methyltransferase contributes to *Aspergillus flavus* conidiation, sclerotial production, aflatoxin biosynthesis and virulence[J]. Scientific Reports, 6: 23259.

Yang K, Zhuang Z, Zhang F, et al. 2015. Inhibition of aflatoxin metabolism and growth of *Aspergillus flavus* in liquid culture by a DNA methylation inhibitor[J]. Food Additives & Contaminants Part A, Chemistry, Analysis, Control, Exposure & Risk Assessment, 32(4): 554-563.

Yang M, Wang Y, Chen Y, et al. 2015. Succinylome analysis reveals the involvement of lysine succinylation in metabolism in pathogenic *Mycobacterium tuberculosis*[J]. Molecular & Cellular Proteomics: MCP, 14(4): 796-811.

Yang Q, Li L, Xue Z, et al. 2013. Transcription of the major *Neurospora crassa* microRNA-like small RNAs relies on RNA polymerase III[J]. Plos Genetics, 9(1): e1003227.

Yang W Q, Lian J W, Feng Y J, et al. 2014. Genome-wide miRNA-profiling of aflatoxin B1-induced hepatic injury using deep sequencing[J]. Toxicology letters, 226(2): 140-149.

Yeh W C, Cao Z, Classon M, et al. 1995. Cascade regulation of terminal adipocyte differentiation by three members of the C/EBP family of leucine zipper proteins[J]. Genes & Development, 9(2): 168.

Yin W B, Keller N P. 2011. Transcriptional regulatory elements in fungal secondary metabolism[J]. The Journal of Microbiology, 49(3): 329-339.

Yin W B, Reinke A W, Szilágyi M, et al. 2013. bZIP transcription factors affecting secondary metabolism, sexual development and stress responses in *Aspergillus nidulans*[J]. Microbiology, 159(1): 77-88.

Yin Y N, Yan L Y, Jiang J H, et al. 2008. Biological control of aflatoxin contamination of crops[J]. Journal of Zhejiang University Science B, 9(10): 787-792.

Yu J, Chang P K, Ehrlich K C, et al. 1998. Characterization of the critical amino acids of an *Aspergillus parasiticus* cytochrome P-450 monooxygenase encoded by ordA that is involved in the biosynthesis of aflatoxins B1, G1, B2, and G2[J]. Applied and Environmental Microbiology, 64(12): 4834-4841.

Yu J, Fedorova N D, Montalbano B G, et al. 2011. Tight control of mycotoxin biosynthesis gene expression in *Aspergillus flavus* by temperature as revealed by RNA-Seq[J]. FEMS Microbiology Letters, 322(2): 145-149.

Yu J. 2012. Current understanding on aflatoxin biosynthesis and future perspective in reducing aflatoxin contamination[J]. Toxins, 4(11): 1024-1057.

Zhang C, Selvaraj J N, Yang Q, et al. 2017. A survey of aflatoxin-producing *Aspergillus* sp. from peanut field soils in four agroecological zones of China. Toxins, 9(1): 40.

Zhang F, Guo Z N, Zhong H S, et al. 2014. RNA-Seq-based transcriptome analysis of aflatoxigenic *Aspergillus flavus* in response to water activity. Toxins, 6(11): 3187-3207.

Zhang F, Xu G, Geng L, et al. 2016. The stress response regulator AflSkn7 influences morphological development, stress response, and pathogenicity in the fungus *Aspergillus flavus*[J]. Toxins, 8(7): 202.

Zhang F, Zhong H, Han X Y, et al. 2015. Proteomic profile of *Aspergillus flavus* in response to water activity[J]. Fungal Biology, 119(2): 114-124.

Zhang T, Zhao Y L, Zhao J H, et al. 2016. Cotton plants export microRNAs to inhibit virulence gene expression in a fungal pathogen[J]. Nature Plants, 2(10): 16153.

Zhang Y, Shan C M, Wang J, et al. 2017. Molecular basis for the role of oncogenic histone mutations in modulating H3K36 methylation[J]. Scientific Reports, 7: 43906.

Zhang Z, Tan M, Xie Z, et al. 2011. Identification of lysine succinylation as a new post-translational modification[J]. Nature Chemical Biology, 7(1): 58-63.

Zhou H, Watts J D, Aebersold R. 2001. A systematic approach to the analysis of protein phosphorylation[J]. Nature Biotechnology, 19(4): 375-378.

Zhuang Z H, Huang Y L, YangY L, et al. 2016. Identification of AFB1-interacting proteins and interactions between RPSA and AFB1[J]. Journal of Hazardous Materials, 301: 297-303.

Zordan R E, Galgoczy D J, Johnson A D. 2006. Epigenetic properties of white-opaque switching in *Candida albicans* are based on a self-sustaining transcriptional feedback loop[J]. Proceedings of the National Academy of Sciences, 103(34): 12807-12812.

Zsuzsanna M A, Farber P, Geisen R. 2003. Quantification of the copy number of nor-1, a gene of the aflatoxin biosynthetic pathway by real-time PCR, and its correlation to the cfu of *Aspergillus flavus* in foods[J]. International Journal of Food Microbiology, 82: 143-151.